LES
AUTEURS LATINS

EXPLIQUÉS D'APRÈS UNE MÉTHODE NOUVELLE

PAR DEUX TRADUCTIONS FRANÇAISES

L'UNE LITTÉRALE ET JUXTALINÉAIRE PRÉSENTANT LE MOT A MOT FRANÇAIS
EN REGARD DES MOTS LATINS CORRESPONDANTS
L'AUTRE CORRECTE ET PRÉCÉDÉE DU TEXTE LATIN

avec des arguments et des notes

PAR UNE SOCIÉTÉ DE PROFESSEURS
ET DE LATINISTES

CICÉRON

—

PLAIDOYER POUR MURÉNA

EXPLIQUÉ LITTÉRALEMENT
TRADUIT EN FRANÇAIS ET ANNOTÉ
PAR J. THIBAULT

PARIS

LIBRAIRIE HACHETTE ET Cie
79, BOULEVARD SAINT-GERMAIN, 79

—

1889

LES

AUTEURS LATINS

EXPLIQUÉS D'APRÈS UNE MÉTHODE NOUVELLE

PAR DEUX TRADUCTIONS FRANÇAISES

Ce plaidoyer a été expliqué littéralement, traduit en français et annoté par M. J. Thibault, ancien élève de l'École normale supérieure.

19727 — Typographie A. Lahure, rue de Fleurus, 9, à Paris.

LES
AUTEURS LATINS

EXPLIQUÉS D'APRÈS UNE MÉTHODE NOUVELLE

PAR DEUX TRADUCTIONS FRANÇAISES

L'UNE LITTÉRALE ET JUXTALINÉAIRE PRÉSENTANT LE MOT A MOT FRANÇAIS
EN REGARD DES MOTS LATINS CORRESPONDANTS
L'AUTRE CORRECTE ET PRÉCÉDÉE DU TEXTE LATIN

avec des sommaires et des notes

PAR UNE SOCIÉTÉ DE PROFESSEURS

ET DE LATINISTES

CICÉRON

PLAIDOYER POUR MURÉNA

PARIS

LIBRAIRIE HACHETTE ET Cⁱᵉ

79, BOULEVARD SAINT-GERMAIN, 79

—

1889

AVIS

On a réuni par des traits dans la traduction juxtalinéaire les mots français qui traduisent un seul mot latin.

On a imprimé en *italique* les mots qu'il était nécessaire d'ajouter pour rendre intelligible la phrase française, et qui n'ont pas leur équivalent dans le latin.

Enfin, les mots placés entre parenthèses, dans le français, doivent être considérés comme une seconde explication, plus intelligible que la version littérale.

ARGUMENT ANALYTIQUE.

Dans les comices consulaires tenus par Cicéron, l'an 690, Décimus Silanus, L. Muréna et Ser. Sulpicius s'étaient présentés comme compétiteurs de Catilina pour le consulat. Lorsque ce dernier, contraint par un discours véhément de Cicéron à lever le masque, eut quitté Rome pour rejoindre son armée, et abandonné par là sa candidature, Décimus Silanus et L. Muréna furent désignés consuls pour l'année suivante.

Mais Muréna fut bientôt cité en justice par Ser. Sulpicius, sur une accusation de brigue pour laquelle se joignirent à lui le jeune Sulpicius, son fils, Cn. Postumius et M. Caton. Muréna fut défendu par Hortensius, par Crassus, et enfin par Cicéron, qui ne parla que le troisième.

La gravité des circonstances politiques, le rang et la considération des accusateurs ainsi que de l'accusé lui-même, donnaient un très-grand intérêt à cette cause, et Cicéron la soutint d'une manière digne de lui. Muréna, absous par un jugement unanime, fut consul l'année suivante.

EXORDE.

I. Après avoir rappelé les vœux qu'il a adressés aux dieux dans les comices et qu'il renouvelle en ce moment, Cicéron annonce, avant de défendre Muréna, qu'il va se justifier lui-même du reproche qu'on lui a fait de s'être chargé de cette cause.

II. Suivant Caton, un homme qui est consul et qui a porté une loi contre la brigue, ne devait pas défendre Muréna. Il est juste, au contraire, qu'un consul soit défendu par un autre consul, surtout par celui qui, l'ayant désigné, s'est établi, en quelque sorte, sa caution.

III. D'un autre côté, comme auteur de la loi contre la brigue, il n'est pas en contradiction avec lui-même, puisqu'il soutient que Muréna n'a pas violé cette loi. C'est à tort aussi que Sulpicius lui reproche d'avoir trahi l'amitié, car il a aidé sa candidature de tout son pouvoir. Il ne peut pas, parce qu'elle a échoué, se joindre à lui pour perdre son compétiteur.

IV. Muréna d'ailleurs est aussi son ami, et, quand il n'aurait pas ce motif pour s'attacher à sa cause, son mérite personnel et sa dignité lui feraient un devoir de ne pas lui refuser un ministère qu'il a toujours prêté même au plus obscur citoyen. Il ne fait en outre que suivre l'exemple de Sulpicius lui-même, et enfin il n'oubliera pas que, si c'est un ami qu'il défend, c'est aussi contre un ami qu'il le fait.

DIVISION.

V. Trois chefs d'accusation : 1° mœurs répréhensibles de Muréna, 2° inégalité de ses titres, 3° intrigues dont il a fait usage.

PREMIER CHEF D'ACCUSATION. *Mœurs de Muréna* : On n'y a insisté que légèrement. On a reproché à Muréna son voyage en Asie, mais le motif qui l'y a fait aller n'est pas moins à sa gloire que la conduite qu'il y a tenue.

VI. Caton appelle Muréna un danseur. Il n'y a même pas de vraisemblance dans cette calomnie.

VII. DEUXIÈME CHEF D'ACCUSATION. *Inégalité des titres de Muréna* : Sulpicius est d'une origine illustre, mais celle de Muréna ne le cède en rien. D'ailleurs il n'est plus indispensable d'être patricien, pour avoir le droit de se dire d'une naissance distinguée.

VIII. N'est-il pas étonnant qu'après l'exemple et les efforts de Cicéron lui-même, on veuille se prévaloir encore des avantages de la naissance, quand le mérite seul conduit aux premiers honneurs ? Sulpicius veut aussi tirer parti de ce qu'étant le compétiteur de Muréna pour la questure, il a été nommé le premier ; mais l'ordre dans les nominations n'établit aucune supériorité. Quant à l'exercice de la charge elle-même, ni l'un ni l'autre n'y a trouvé l'occasion de se distinguer.

IX. Sulpicius prétend vainement élever la jurisprudence au-dessus de l'art militaire ; la gloire acquise par les armes est un titre bien supérieur à tout autre pour le consulat.

X. La science du droit est sans aucune importance en comparaison.

XI. Après le talent militaire, celui de l'orateur l'emporte encore sur celui du jurisconsulte, qui ne saurait avoir aucune grandeur réelle.

XII. Futilité et ridicule de la science du droit; Cicéron la réduit plaisamment aux subtilités imaginées par les jurisconsultes pour éluder les lois.

XIII. Continuation du même sujet.

XIV. Il n'y a donc que deux professions qui puissent élever au rang le plus distingué, et celle du général d'armée est encore la première. A ce propos, Cicéron repousse une objection de Caton, qui voulait rabaisser le mérite guerrier de Muréna, en disant qu'il n'avait combattu qu'en Asie et contre des peuples efféminés.

XV. La guerre de Mithridate, au contraire, doit être regardée comme plus importante que les précédentes, autant par les longues alternatives des événements qui l'ont remplie, que par l'opiniâtre constance du monarque ennemi.

XVI. Pompée lui-même, après avoir chassé Mithridate de ses États, ne crut cependant la guerre terminée que par la mort de ce prince. La belle conduite de Muréna en Asie lui a donc acquis les droits les plus certains.

XVII. Sulpicius a été aussi proclamé le premier, quand il sollicitait la préture, et il en tire encore avantage. Mais rien n'est plus inconstant que la faveur populaire ; combien n'y a-t-il pas de tempêtes et de naufrages sur la mer des comices ?

XVIII. Deux circonstances ont particulièrement servi Muréna dans sa demande du consulat : les jeux qu'il fit célébrer pendant sa préture, et le retour à Rome de l'armée de Lucullus.

XIX. On connaît le pouvoir des jeux non-seulement sur la foule, mais même sur beaucoup d'hommes sérieux qui n'en veulent pas convenir. D'un autre côté, le sort a donné l'avantage à Muréna dans la désignation de la préture.

XX. Autant celle qui échut à Muréna facilita sa candidature, autant celle que reçut Sulpicius lui fut défavorable.

XXI. Sulpicius d'ailleurs a compromis son succès par les inopportunes menaces d'accusation qu'il faisait chaque jour retentir contre ses compétiteurs.

XXII. Ses préoccupations mêmes à cet égard ont dû lui faire négliger les autres soins que doit toujours prendre un candidat.

XXIII. La loi qu'il avait sollicitée contre les brigues pouvait lui faciliter l'accusation contre ses rivaux, mais non pas préparer le triomphe de sa candidature. Cicéron repousse, à cette occasion, la responsabilité de cette loi si sévère.

XXIV. Sulpicius a porté le coup le plus funeste à son ambition en faisant craindre au peuple de voir Catilina consul, Catilina, dont l'audace se trouvait encouragée par l'accusation préparée contre Muréna, son ennemi.

XXV. Qu'on se rappelle le discours de ce factieux à ses complices et l'impression qu'il produisit sur le sénat.

XXVI. Après avoir rappelé sa propre conduite dans cette circonstance et résumé ses moyens contre le second chef d'accusation, Cicéron passe au suivant :

XXVII. TROISIÈME CHEF D'ACCUSATION. *Brigues employées par Muréna* : C'est pour avoir noblement ambitionné la seule gloire qui ait manqué jusqu'à présent à sa famille, qu'un citoyen aussi recommandable voit menacer son existence acquise, et cela, par des hommes qui ne se sont faits ses ennemis que pour assurer à Sulpicius le succès de son accusation.

XXVIII. Le nom de Caton fait la principale force de cette accusation ; mais il serait injuste que le crédit seul qui s'y attache fît succomber Muréna. De célèbres exemples prouvent que la sagesse des juges a toujours protégé les accusés contre la trop grande puissance des accusateurs.

XXIX. En rendant un complet hommage au caractère de Caton, Cicéron attribue sa rigueur aux maximes exagérées des stoïciens.

XXX. Caton a cru devoir les adopter ; mais leurs conséquences sont extrêmes et touchent au ridicule. Combien il y a plus de modération et de véritable sagesse dans les doctrines de Platon et d'Aristote !

XXXI. Pourquoi le hasard n'a-t-il pas donné à Caton de tels maîtres ? Mais d'ailleurs il n'y a point de honte à se laisser émouvoir ; des stoïciens célèbres l'ont bien prouvé par leur conduite.

XXXII. Après cette digression, Cicéron revient aux faits de la cause. Il ne nie pas que Muréna soit coupable s'il a acheté des suffrages, mais il soutient qu'il ne les a pas achetés.

XXXIII. On lui fait un crime du grand nombre de personnes qui se sont portées à sa rencontre ; mais ce n'était point une foule mercenaire, c'étaient d'honorables citoyens de tous les ordres, parmi lesquels on a remarqué des sénateurs et jusqu'à Postumius lui-même avec toute sa suite.

XXXIV. Mais, dit-on, pourquoi ce cortége ? Qu'importe ? puisqu'il n'était pas acheté. Ce n'est d'ailleurs qu'un usage reçu. Muréna a donné des spectacles par tribus et des repas publics ; mais cela s'est fait dans tous les temps.

XXXV. La justification de Muréna est dans le sénatus-consulte lui-même, qui n'interdit ni les cortéges, ni les repas, ni les spectacles, pourvu qu'ils n'aient pas le caractère qui seul les rend coupables. Or, ce qu'on reproche à Muréna dans ce genre, n'est qu'un témoignage de l'affection et du zèle de ses parents et de ses amis.

XXXVI. Caton ne doit donc pas censurer trop sévèrement des usages approuvés de tous les temps par la république. Si le peuple romain hait le luxe particulier, il aime la magnificence publique. Caton lui-même, d'ailleurs, ne met-il pas sa conduite en contradiction avec la sévérité de ses principes?

XXXVII. Si c'est l'intérêt seul de l'État qui le rend accusateur, son zèle l'égare; car c'est ce même intérêt qui demande que Muréna soit consul.

XXXVIII. Caton y est aussi le premier intéressé; si les complices de Catilina triomphaient, ils dirigeraient bientôt leurs coups sur lui et sur la république.

XXXIX. Si Catilina pouvait prononcer, il ne manquerait pas de condamner Muréna; c'est là ce qui doit le faire absoudre par ses juges. Rome serait menacée des plus grands malheurs, si elle n'avait qu'un seul consul pour la défendre.

PÉRORAISON.

XL. C'est donc au salut de la république qu'il s'agit de veiller. Muréna, qui s'y dévoue, attend dans un état de maladie et de douleur, bien digne d'intérêt, la sentence qui doit lui confier une tâche si difficile et qu'on devrait peu lui envier.

XLI. Si, contre tout espoir, il devait être condamné, il ne saurait trouver nulle part un asile où son malheur ne lui fût plus cruel, par les souvenirs qu'ils lui rappelleraient. Enfin, en suppliant ses juges de confirmer le bienfait du peuple romain, Cicéron se porte garant, comme consul, du zèle et du courage dont son client saura faire preuve dans son consulat.

ORATIO

PRO L. MURENA.

EXORDIUM.

I. 1. Quæ deprecatus sum a diis immortalibus, judices,
more institutoque majorum [1], illo die, quo auspicato [2], comitiis centuriatis [3], L. Murenam consulem renuntiavi [4]; ut ea
res mihi magistratuique meo, populo plebique romanæ bene
ac feliciter eveniret : eadem precor ab iisdem diis immortalibus ob ejusdem hominis consulatum una cum salute [5] obtinen-
dum, et ut vestræ mentes atque sententiæ cum populi romani
voluntatibus suffragiisque consentiant, eaque res vobis, po-
puloque romano pacem, tranquillitatem, otium, concordiam-
que afferat. Quod si illa solennis comitiorum precatio,

EXORDE.

I. 1. Juges, si j'ai demandé aux dieux immortels, suivant l'usage
établi par nos ancêtres, le jour où, sous la protection des auspices,
j'ai proclamé dans les comices par centuries L. Muréna consul, que
ce choix eût un heureux résultat pour moi, pour mon autorité et
pour toutes les classes du peuple romain; je leur demande encore
qu'ils conservent à ce même citoyen, avec son consulat, l'intégrité
de ses droits; et que l'accord de vos sentiments et de votre arrêt avec
les intentions et les suffrages du peuple romain, garantisse à vous
et à la république, la paix, la tranquillité, le repos et la concorde.
Que si cette prière solennelle des comices reçoit des auspices consu-

PLAIDOYER

POUR L. MURÉNA.

EXORDIUM.	EXORDE.
I. 1. Judices,	I. 1. Juges,
quæ deprecatus sum	ce que j'ai sollicité
a diis immortalibus,	des dieux immortels,
more	suivant l'usage
institutoque majorum,	et la règle de *nos* ancêtres,
illo die auspicato,	en ce jour consacré-par-les-auspices,
quo renuntiavi,	où j'ai proclamé,
comitiis centuriatis,	dans les comices par-centuries,
L. Murenam consulem;	L. Muréna consul;
ut ea res eveniret	que ce choix réussît
bene ac feliciter	bien et heureusement
mihi meoque magistratui,	pour moi et ma magistrature,
populo	pour la nation (tous les ordres)
plebique romanæ :	et le peuple romain :
precor eadem	je *le* demande de même
ab iisdem diis	aux mêmes dieux
immortalibus	immortels
ob consulatum	pour le consulat
ejusdem hominis	du même homme
obtinendum	devant être conservé
una cum salute,	en même temps que *son* salut,
et ut vestræ mentes	et pour que vos sentiments
atque sententiæ	et *vos* votes
consentiant	s'accordent
cum voluntatibus	avec les intentions
suffragiisque	et les suffrages
populi romani,	du peuple romain,
eaque res afferat vobis,	et *que* cette union apporte à vous,
populoque romano	et au peuple romain
pacem, tranquillitatem,	la paix, la tranquillité,
otium concordiamque.	le repos et la concorde.
Quod si	Que si
illa precatio solennis	cette prière solennelle

consularibus auspiciis consecrata, tantam habet in se vim et religionem, quantam reipublicæ dignitas postulat : idem ego sum precatus, ut eis quoque hominibus, quibus hic consulatus, me rogante [1], datus esset, ea res fauste, feliciter, prospere-que eveniret.

2. Quæ quum ita sint, judices, et quum omnis deorum im-mortalium potestas aut translata sit ad vos, aut certe commu-nicata vobiscum : idem consul eum vestræ fidei commendat, qui antea diis immortalibus commendavit; ut ejusdem hominis voce et declaratus consul, et defensus, beneficium populi ro-mani cum vestra, atque omnium civium salute tueatur. Et, quoniam in hoc officio studium meæ defensionis [2] ab accusato-ribus, atque etiam ipsa susceptio causæ reprehensa est; ante-quam pro L. Murena dicere instituo, pro me ipso pauca dicam; non quo mihi potior, hoc quidem in tempore, sit officii mei,

laires qui la consacrent ce caractère imposant et saint que réclame la dignité de la république; je l'ai faite aussi pour que les hommes qui ont obtenu le consulat sous ma présidence, y trouvassent un heu-reux gage de succès et de prospérité.

2. Puisqu'il en est ainsi, juges, puisque les dieux immortels ont remis en vos mains toute leur puissance, ou l'ont partagée du moins avec vous, le même consul recommande à votre justice l'homme qu'il a recommandé naguère aux dieux immortels; afin que, défendu dans son titre par la voie même qui le lui a donné, il conserve le bienfait du peuple romain avec le droit de veiller à votre salut et à celui de tous les citoyens. Et, puisque ses accusateurs me reprochent de sacri-fier mes devoirs au soin de sa défense, et de m'être chargé de sa cause, avant d'entreprendre de parler pour L. Muréna, je dirai quelques mots pour moi-même; non pas que j'attache plus de prix, en un pa-reil moment, à ma justification qu'à son salut, mais pour que l'ap-

comitiorum,
consecrata auspiciis
consularibus,
habet in se vim
et religionem
tantam quantam postulat
dignitas reipublicæ:
ego precatus sum idem,
ut ea res eveniret quoque
fauste,
feliciter prospereque,
eis hominibus,
quibus hic consulatus
esset datus, me rogante.

des comices,
consacrée par les auspices
consulaires,
possède en elle un pouvoir
et un caractère-sacré
aussi grands que *le* demande
la dignité de la république·
j'ai prié de même,
que cet événement s'accomplît aussi
d'une-manière-favorable,
d'une-manière-heureuse et prospère,
pour ces hommes,
auxquels ce consulat
avait été donné, moi président.

2. Quum quæ sint ita,
judices,
et quum omnis potestas
deorum immortalium
sit aut translata ad vos,
aut certe
communicata vobiscum:
idem consul
qui commendavit antea
diis immortalibus,
commendat eum
vestræ fidei;
ut et declaratus consul,
et defensus
voce ejusdem hominis,
tueatur beneficium
populi romani
cum vestra salute
atque omnium civium.
Et, quoniam in hoc officio
studium meæ defensionis
atque etiam
susceptio ipsa causæ
est reprehensa
ab accusatoribus;
antequam instituo
dicere pro L. Murena,
dicam pauca pro me ipso;
non quo defensio
mei officii
sit potior mihi,
in hoc tempore quidem,
quam salutis hujus;

2. Puisque cela est ainsi,
juges,
et puisque toute la puissance
des dieux immortels
se trouve ou transmise à vous,
ou certainement
partagée avec-vous:
le même consul
qui a recommandé auparavant *Muréna*
aux dieux immortels,
recommande lui
à votre justice;
afin que et proclamé consul,
et défendu *dans ce titre*
par la voix du même homme,
il conserve le bienfait
du peuple romain
ainsi que votre salut
et *celui* de tous les citoyens.
Et, puisque dans ces fonctions
le zèle de ma défense
et aussi
l'entreprise même de la cause
a été blâmée
par les accusateurs:
avant que je n'entreprenne
de parler pour L. Muréna,
je dirai peu de *mots* pour moi-même;
non que la défense
de mon rôle
soit plus précieuse pour moi,
dans ce moment même,
que *la défense* du salut de celui-ci;

quam hujus salutis defensio ; sed ut, meo facto vobis probato,
majore auctoritate ab hujus honore, fama, fortunisque omnibus, inimicorum impetus propulsare possim.

II. 3. Et primum M. Catoni [1], vitam ad certam rationis
normam dirigenti, et diligentissime perpendenti momenta
officiorum omnium, de officio meo respondebo. Negat fuisse
rectum Cato, me et consulem, et legis ambitus latorem [2], et
tam severe gesto consulatu, causam L. Murenæ attingere.
Cujus reprehensio me vehementer movet, non solum ut vobis,
judices, quibus maxime debeo, verum etiam ut ipsi Catoni,
gravissimo atque integerrimo viro, rationem facti mei probem.
A quo tandem, M. Cato, est æquius consulem defendi, quam
a consule? Quis mihi in republica potest aut debet esse con-
junctior, quam is cui respublica a me uno traditur sustinenda,
magnis meis laboribus et periculis sustentata? Quod si in iis

probation que vous donnerez à ma conduite me permette de défendre,
avec une autorité plus grande, le rang, l'honneur et la fortune de
l'accusé contre les attaques de ses ennemis.

II. 3. Et d'abord, c'est à M. Caton, qui règle sa vie sur les principes invariables de la raison, et qui pèse avec tant de scrupule tous
les devoirs, que je répondrai sur le mien. Je ne devais pas, selon lui,
moi consul, auteur de la loi sur les brigues, et si sévère dans l'exercice du consulat, me mêler de la cause de Muréna. Ce reproche, de
la part d'un personnage aussi respectable et aussi intègre, me fait une
obligation pressante de justifier ma conduite non-seulement à vos
yeux, juges, ce que je dois faire avant tout, mais à ceux de
Caton lui-même. Est-il donc, pour un consul, M. Caton, de défenseur plus légitime qu'un consul? Quel citoyen, dans la république,
peut ou doit m'être moins indifférent que celui à qui seul j'ai confié,
pour la protéger, cette république que j'ai soutenue moi-même au prix
de tant de fatigues et de dangers? Si, dans les poursuites en reven-

sed ut,	mais pour que,
meo facto probato vobis,	mon action étant approuvée de vous,
possim propulsare,	je puisse écarter,
auctoritate majore,	avec une autorité plus grande,
impetus inimicorum	les attaques de *ses* ennemis
ab honore, fama	de l'honneur, de la réputation
omnibusque fortunis	et de tous les biens
hujus.	de lui.
II. 3. Et primum	II. 3. Et d'abord
respondebo de meo officio	je répondrai sur mon devoir
M. Catoni,	à M. Caton,
dirigenti vitam	qui dirige *sa* vie
ad normam certam	suivant la règle certaine
rationis,	de la raison,
et perpendenti	et qui pèse
diligentissime	avec-le-plus-grand-soin
momenta	les détails
omnium officiorum.	de tous les devoirs.
Cato negat fuisse rectum,	Caton nie être juste,
me et consulem	moi et consul
et latorem legis ambitus,	et auteur de la loi sur la brigue,
et consulatu gesto	et *mon* consulat ayant été géré
tam severe,	si sévèrement,
attingere causam	toucher à la cause
L. Murenæ.	de L. Muréna.
Reprehensio cujus	Le blâme de celui-ci
movet me vehementer,	pousse moi vivement,
ut probem	pour que je fasse-approuver
rationem mei facti,	le motif de mon action,
non solum vobis, judices,	non-seulement à vous, juges,
quibus debeo maxime,	envers qui je *le* dois surtout,
verum etiam ut	mais aussi pour que *je le fasse approuver*
Catoni ipsi,	à Caton lui-même,
viro gravissimo	l'homme le plus respectable
atque integerrimo.	et le plus intègre.
A quo tandem, M. Cato,	Par qui enfin, M. Caton,
est æquius	est-il plus juste
consulem defendi,	un consul être défendu,
quam a consule?	que par un consul?
Quis in republica	Qui dans la république
potest aut debet	peut ou doit
esse conjunctior mihi,	être plus uni à moi,
quam is cui respublica	que celui à qui la république
sustentata meis laboribus	soutenue par mes fatigues
et periculis magnis,	et par *mes* dangers nombreux,
traditur a me uno	est livrée par moi seul
sustinenda?	pour-être-soutenue?

rebus repetendis, quæ mancipi sunt ¹, is periculum judicii
præstare debet, qui se nexu obligavit; profecto etiam rectius
in judicio consulis designati, is potissimum consul, qui consulem declaravit, auctor beneficii populi romani, defensorque
periculi esse debebit.

4. Ac si, ut nonnullis in civitatibus fieri solet, patronus
huic causæ publice constitueretur, is potissime honore affecto
defensor daretur, qui eodem honore præditus non minus affer-
ret ad dicendum auctoritatis quam facultatis. Quod si portu
solventibus, ii, qui jam in portum ex alto invehuntur, præci-
pere summo studio solent et tempestatum rationem, et prædo-
num, et locorum; quod natura fert, ut eis faveamus, qui
eadem pericula, quibus nos perfuncti sumus, ingrediantur :
quo tandem me animo esse oportet, prope jam ex magna
jactatione terram videntem, in hunc, cui video maximas rei-

dication de certaines propriétés, celui-là doit garantir les chances du
jugement, qui s'est lié par le contrat, il est certainement plus juste
encore que, dans la cause d'un consul désigné, ce soit de préférence le
consul qui l'a proclamé qui doive lui garantir le bienfait du peuple
romain et repousser le danger qui le menace.

4. Et si, comme on le fait d'ordinaire dans quelques cités, on donnait à cette cause un défenseur d'office, ne choisirait-on pas préféra-
blement, pour repousser l'atteinte faite à une dignité, celui qui, re-
vêtu lui-même d'une dignité semblable, apporterait dans sa tâche
autant d'autorité que de talent? Puisque les navigateurs qui rentrent
au port après une longue traversée, ont coutume de prémunir avec le
plus grand soin ceux qui mettent à la voile contre les tempêtes, les
pirates et les écueils, car nous ressentons un intérêt naturel pour
ceux qui vont courir les dangers auxquels nous avons échappé nous-
mêmes, quel sentiment ne dois-je pas éprouver à mon tour, lorsque,
après une longue tourmente, je vais apercevoir enfin la terre, envers

Quod si	Que si
in iis rebus repetendis	dans ces propriétés à-réclamer,
quæ sunt mancipi,	qui sont de mancipation,
is debet præstare	celui-là doit garantir
periculum judicii,	les chances du jugement,
qui obligavit se nexu;	qui a lié soi par le contrat;
profecto etiam rectius	certes encore à-plus-juste-titre
in judicio	dans le jugement,
consulis designati,	d'un consul désigné,
is consul,	ce consul,
qui declaravit consulem,	qui a proclamé le consul,
debebit potissimum	devra de-préférence
esse auctor beneficii	être caution du bienfait
populi romani,	du peuple romain,
defensorque periculi.	et défenseur du procès.
4. Ac si,	4. Et si,
ut solet fieri	comme il a-coutume d'arriver
in nonnullis civitatibus,	dans quelques cités,
patronus constitueretur	un patron était constitué
publice huic causæ,	au-nom-de-tous pour cette cause,
is daretur potissime	celui-là serait donné de-préférence
defensor	*pour* défenseur
affecto honore,	au *citoyen* investi d'une dignité,
qui præditus	qui revêtu
eodem honore,	de la même dignité,
afferret ad dicendum	apporterait à plaider
non minus auctoritatis,	non moins d'autorité,
quam facultatis.	que de talent.
Quod si ii,	Que si ceux,
qui jam invehuntur	qui déjà sont amenés
ex alto in portum,	de la pleine-mer dans le port,
solent præcipere	ont-coutume de conseiller
summo studio	avec le plus grand zèle
solventibus portu	à *ceux* qui sortent du port
rationem	le compte *à tenir*
et tempestatum,	et des tempêtes,
et prædonum, et locorum;	et des pirates, et des lieux;
quod natura fert,	parce que la nature comporte,
ut faveamus eis,	que nous favorisions ceux,
qui ingrediantur	qui abordent
eadem pericula,	les mêmes dangers,
quibus nos	que nous
perfuncti sumus :	nous avons éprouvés:
quo animo tandem	dans quel sentiment enfin
oportet me esse,	faut-il moi être,
videntem jam prope terram	*moi* voyant déjà presque la terre
ex magna jactatione,	après une grande agitation,

publicæ tempestates esse subeundas? Quare, si est boni consulis, non solum videre quid agatur, verum etiam providere
quid futurum sit; ostendam alio loco quantum salutis communis intersit, duos consules in republica kalendis Januariis [1]
esse. Quod si ita est, non tam me officium debuit ad hominis
amici fortunas, quam respublica consulem ad communem salutem defendendam vocare.

III. 5. Nam quod legem de ambitu tuli, certe ita tuli, ut
eam, quam mihimet ipsi jampridem tulerim de civium periculis defendendis, non abrogarem. Etenim si largitionem factam esse confiterer, idque recte factum esse defenderem,
facerem improbe, etiam si alius legem tulisset : quum vero
nihil commissum contra legem esse defendam, quid est, quod
meam defensionem latio legis impediat?

un homme que je vois s'exposer aux redoutables tempêtes de la république? Si donc un bon consul doit non-seulement connaître le présent, mais aussi prévoir l'avenir, je montrerai plus tard combien il
importe au salut général que la république ait deux consuls aux
kalendes de janvier. Aussi n'est-ce pas tant la voix de l'amitié qui
m'appelle à défendre la fortune d'un homme qui m'est cher, que la
voix de la république qui demande à son consul de veiller au salut de
tous.

III. 5. Si j'ai porté la loi sur les brigues, ce n'était certainement
pas pour abroger celle que je me suis faite à moi-même depuis longtemps, de me vouer à la défense de mes concitoyens. Si j'avouais qu'il
y a eu des intrigues pratiquées, et si je prétendais qu'elles ne sont pas
coupables, j'aurais tort, même quand la loi ne serait pas mon ouvrage; mais, puisque je soutiens qu'elle n'a pas été violée, comment,
parce que j'en suis l'auteur, m'interdirait-on le droit que j'exerce?

in hunc, cui video
tempestates maximas
reipublicæ
esse subeundas?
Quare,
si est boni consulis,
non solum videre
quid agatur,
verum etiam providere
quid sit futurum;
ostendam alio loco,
quantum intersit
salutis communis,
duos consules
esse in republica
kalendis Januariis.
Si quod est ita,
officium non debuit
vocare me ad fortunas
hominis amici,
tam quam respublica
consulem
ad salutem communem
defendendam.
   III. 5. Nam quod tuli
legem de ambitu,
certe tuli ita,
ut non abrogarem eam.
quam tulerim mihimet ipsi
jampridem
de periculis civium
defendendis.
Etenim si confiterer
largitionem
esse factam,
defenderemque
id esse factum recte,
facerem improbe,
etiam si alius
tulisset legem:
quum vero defendam
nihil esse commissum
contra legem,
quid est,
quod latio legis
impediat
meam defensionem?

envers celui, auquel je vois
les tempêtes les plus graves
de la république
être à-affronter?
C'est pourquoi,
s'il est d'un bon consul,
non-seulement de voir
ce qui se fait,
mais encore de prévoir
ce qui doit arriver;
je montrerai dans un autre lieu,
combien il importe
au salut commun,
deux consuls
être dans la république
aux kalendes de-janvier.
Si cela est ainsi,
le devoir n'a pas dû
appeler moi à la *mauvaise* fortune
d'un homme ami,
autant que la république
a dû appeler le consul
au salut commun
devant être défendu.
   III. 5. Car si j'ai porté
une loi sur la brigue,
certes je *l'*ai portée de telle façon,
que je n'abrogerais pas celle,
que j'avais faite à moi-même
depuis longtemps
pour les dangers des citoyens
devant être défendus.
En effet si j'avouais
une corruption-par-largesses
avoir été exercée,
et *si* je soutenais
cela avoir été fait de-bon-droit,
j'agirais de-mauvaise-foi,
quand bien même un autre
aurait porté la loi:
mais puisque je soutiens
rien n'avoir été commis
contre la loi,
quel *motif* existe,
pour que la proposition de la loi
empêche
ma défense?

6. Negat esse ejusdem severitatis, Catilinam, exitium reipublicæ intra mœnia molientem, verbis et pæne imperio urbe
expulisse, et nunc pro L. Murena dicere. Ego autem has partes
lenitatis et misericordiæ, quas me natura ipsa docuit, semper
egi libenter : illam vero gravitatis severitatisque personam non
appetivi; sed ab republica mihi impositam sustinui, sicut
hujus imperii dignitas in summo periculo civium postulabat.
Quod si tum, quum respublica vim et severitatem desiderabat,
vici naturam, et tam vehemens fui, quam cogebar, non quam
volebam ; nunc, quum omnes me causæ ad misericordiam
atqué ad humanitatem vocent, quanto tandem studio debeo
naturæ meæ, consuetudinique servire ? At de officio defensionis meæ et de ratione accusationis tuæ, fortasse etiam alia
in parte orationis dicendum nobis erit.

7. Sed me, judices, non minus hominis sapientissimi atque

6. Caton ajoute qu'il ne trouve pas une rigueur impartiale dans le
consul, dont l'éloquence, et pour ainsi dire les ordres, ont chassé de
Rome Catilina, méditant au sein de ses murs la ruine de la patrie, et
qui parle maintenant en faveur de Muréna. C'est que j'ai toujours pris
avec plaisir le parti de la douceur et de la clémence, que me conseille
ma nature, tandis que ce rôle de rigueur et de sévérité, je ne l'ai
pas recherché; il m'a été imposé par la république, et je l'ai rempli
comme l'exigeaient la dignité de cet empire et le péril extrême de mes
concitoyens. Si, lorsque l'État réclamait de ma part de la vigueur et
de la fermeté, j'ai triomphé de mon naturel et déployé une énergie
forcée, mais non volontaire, aujourd'hui que tout me rappelle à l'indulgence et à l'humanité, avec quelle ardeur ne dois-je pas obéir enfin
au penchant de la nature et de l'habitude? Au reste je parlerai peut-
être, dans une autre partie de ce discours, des motifs qui nous ont fait
embrasser, à moi la défense et à vous l'accusation.

7. Mais, juges, ce qui ne me touche pas moins que les reproches de

6. Negat	6. Il (Caton) nie
esse ejusdem severitatis,	être de la même sévérité,
expulisse urbe	d'avoir chassé de la ville
verbis et pæne imperio,	par *mes* paroles et presque *mon* ordre,
Catilinam,	Catilina,
molientem intra mœnia	projetant dans-l'intérieur des murs
exitium reipublicæ,	la perte de la république,
et dicere nunc	et de parler maintenant
pro L. Murena.	pour L. Muréna.
Ego autem egi	Quant à moi j'ai rempli
semper libenter	toujours volontiers
has partes lenitatis	ce rôle de douceur
et misericordiæ,	et de miséricorde,
quas natura ipsa docuit me :	que la nature elle-même a appris à moi ·
non vero appetivi	mais je n'ai pas recherché
illam personam gravitatis	ce rôle de rigueur
severitatisque;	et de sévérité;
sed sustinui	mais j'ai soutenu *lui*
impositam mihi	imposé à moi
ab republica,	par la république,
sicut postulabat	comme *le* demandait
dignitas hujus imperii	la dignité de cet empire
in periculo summo	dans le danger extrême
civium.	des citoyens.
Quod si tum,	Que si alors,
quum respublica	que la république
desiderabat vim	réclamait la vigueur
et severitatem,	et la sévérité,
vici naturam,	j'ai vaincu la nature,
et fui tam vehemens,	et j'ai été aussi énergique,
quam cogebar,	que j'étais forcé *de l'être*,
non quam volebam;	non que je *le* voulais;
nunc, quum omnes causæ	maintenant, que tous les motifs
vocent me	invitent moi
ad misericordiam	à la miséricorde
atque ad humanitatem,	et à l'humanité,
quanto studio tandem	avec quel empressement enfin
debeo servire meæ naturæ,	*ne* dois-je *pas* obéir à mon naturel,
consuetudinique ?	et à *mon* habitude ?
At erit fortasse nobis	Mais il sera peut-être à moi
dicendum etiam	à-parler encore
in alia parte orationis	dans une autre partie de *mon* discours
de officio meæ defensionis	du devoir de ma défense
et de ratione	et du motif
tuæ accusationis.	de ton accusation.
7. Sed, judices,	7. Mais, juges,
conquestio Ser. Sulpicii,	la plainte de Ser. Sulpicius,

ornatissimi , Ser. Sulpicii , conquestio [1], quam Catonis accusa-
tio commovebat, qui gravissime et acerbissime ferre dixit,
me familiaritatis necessitudinisque [2] oblitum, causam L. Murenæ contra se defendere. Huic ego, judices, satisfacere cupio
vosque adhibere arbitros. Nam quum grave est vere accusari
in amicitia , tum etiam si falso accuseris, non est negligendum.
Ego, Ser. Sulpici, me in petitione tua tibi omnia studia atque
officia pro nostra necessitudine et debuisse confiteor, et præ-
stitisse arbitror. Nihil tibi consulatum petenti, a me defuit,
quod esset aut ab amico, aut a gratioso, aut a consule postulandum. Abiit illud tempus : mutata ratio est. Sic existimo,
sic mihi persuadeo, me tibi contra honorem L. Murenæ, quantum tu a me postulare ausus sis, tantum debuisse; contra sa·

Caton, ce sont les plaintes de Ser. Sulpicius, cet homme si sage et si
distingué. Il a été, dit-il, profondément et amèrement affligé de voir
qu'au mépris de l'étroite amitié qui nous lie, je m'étais chargé contre
lui de la défense de Muréna. Je désire, juges, lui rendre raison de ma
conduite et vous prendre pour arbitres. Car, s'il est pénible d'être accusé justement par un ami, il ne faut pas, même quand il se trompe,
négliger de lui répondre. J'avoue, Ser. Sulpicius, que, dans votre
candidature, notre intimité me faisait un devoir d'employer pour
vous tout mon zèle et tous mes bons offices, et je crois l'avoir rempli. Lorsque vous demandiez le consulat, je n'ai manqué à rien de
ce que vous pouviez attendre d'un ami, d'un homme en crédit ou
d'un consul. Ce temps n'est plus, les circonstances ont changé. Oui,
je pense, je suis convaincu que pour empêcher le succès de Muréna,
j'ai dû faire tout ce que vous avez cru pouvoir exiger de moi; mais,
pour le perdre, je ne vous dois rien. Car ce n'est pas parce que je

hominis sapientissimi	homme très-sage
atque ornatissimi,	et très-distingué,
commovebat me non minus,	affectait moi non moins,
quam accusatio Catonis,	que l'accusation de Caton,
qui dixit	il a dit
ferre gravissime	supporter avec-beaucoup-de-peine
et acerbissime	et avec-beaucoup-d'amertume
me oblitum familiaritatis	moi oubliant *notre* amitié
necessitudinisque,	et *notre* intimité,
defendere contra se	défendre contre lui
causam L. Murenæ.	la cause de L. Muréna.
Ego cupio, judices,	Je désire, juges,
satisfacere huic	donner-satisfaction à celui-ci
adhibereque vos	et prendre vous
arbitros.	*pour* arbitres.
Nam quum est grave	Car s'il est pénible
accusari vere	d'être accusé avec-raison
in amicitia,	en amitié,
tum etiam si	également quand bien même
accuseris falso,	tu es accusé faussement,
non est negligendum.	*cela* n'est pas à-négliger.
Ego, et confiteor,	D'une part, je confesse,
Ser. Sulpici,	Ser. Sulpicius,
me debuisse tibi	moi avoir dû à toi
in tua petitione,	dans ta demande,
omnia studia atque officia	tous *mes* efforts et *mes* bons-offices,
pro nostra necessitudine,	en raison de notre intimité,
et arbitror	et *de l'autre* je pense
præstitisse.	m'*en* être acquitté.
Nihil defuit a me	Rien n'a manqué de moi (de ma part)
tibi petenti consulatum,	à toi demandant le consulat,
quod esset postulandum	de ce qui était à-solliciter
aut ab amico,	soit d'un ami,
aut a gratioso,	soit d'un *homme* en-crédit,
aut a consule.	soit d'un consul.
Illud tempus abiit:	Ce temps est passé:
ratio est mutata.	la circonstance est changee.
Sic existimo,	Oui, je pense,
sic persuadeo mihi,	oui, je persuade à moi,
me debuisse tibi	moi avoir dû à toi
contra honorem	contre l'élévation
L. Murenæ,	de L. Muréna,
tantum quantum	autant que
tu ausus sis	tu as osé
postulare a me;	demander de moi;
debere nihil	*mais* ne devoir rien
contra salutem.	contre le salut *de lui*.

iutem, nihil debere. Neque enim si tibi tum, quum peteres
consulatum, affui, idcirco nunc, quum Murenam ipsum
petas [1], adjutor eodem pacto esse debeo. Atque hoc non modo
non laudari, sed ne concedi quidem potest, ut amicis nostris
accusantibus, non etiam alienissimos defendamus.

IV. 8. Mihi autem cum Murena, judices, et vetus, et magna
amicitia est, quæ in capitis dimicatione a Ser. Sulpicio non
idcirco obruetur, quod ab eodem in honoris contentione superata est [2]. Quæ si causa non esset, tamen vel dignitas hominis,
vel honoris ejus, quem adeptus est, amplitudo, summam mihi
superbiæ crudelitatisque famam inussisset, si hominis, et suis
et populi romani ornamentis amplissimi, causam tanti periculi repudiassem. Neque enim jam mihi licet, neque est integrum, ut meum laborem hominum periculis sublevandis non
impertiam. Nam quum præmia [3] mihi tanta pro hac industria

vous ai servi quand vous étiez son concurrent que je dois vous aider
encore quand vous devenez son accusateur. Non-seulement on ne
saurait approuver, mais on ne pourrait même pas souffrir qu'une
accusation portée par nos amis nous fît refuser la défense même
des étrangers.

IV. 8. Mais je suis uni à Muréna par une ancienne et vive amitié,
que Ser. Sulpicius n'étouffera pas dans une cause capitale, parce qu'il
en a triomphé dans sa recherche du consulat. Quand ce motif n'exis-
sterait pas, le mérite de l'accusé, la hauteur du rang qu'il vient
d'atteindre, me donneraient la plus fâcheuse réputation d'orgueil et
de dureté, si j'abandonnais dans une cause si périlleuse un homme
aussi distingué par lui-même que par les bienfaits du peuple romain. Il ne dépend plus de moi d'ailleurs de ne pas consacrer mes
travaux à la défense de mes concitoyens. Car, si j'ai reçu pour ce

Si enim affui tibi | Car si j'ai prêté-assistance à toi,
tum quum peteres | alors que tu demandais
consulatum, | le consulat,
neque debeo nunc | je ne dois pas maintenant
idcirco | à cause de cela
esse adjutor eodem pacto, | être soutien *à toi* de la même manière,
quum petas | quand tu attaques
Murenam ipsum. | Muréna lui-même.
Atque hoc non modo | Et cela non-seulement
non potest laudari, | ne peut pas être loué,
sed ne concedi quidem, | mais pas même être accordé,
ut nostris amicis | que nos amis
accusantibus, | accusant,
non defendamus | nous ne défendions pas
etiam alienissimos. | même les plus étrangers.

IV. 8. Est autem mihi, | IV. 8. Mais il existe à moi,
judices, amicitia | juges, une amitié
et vetus, et magna | et ancienne, et grande
cum Murena, | avec Muréna,
quæ non obruetur | laquelle ne sera pas étouffée
a Ser. Sulpicio | par Ser. Sulpicius
in dimicatione capitis, | dans une lutte capitale,
idcirco quod est superata | par la raison qu'elle a été vaincue
ab eodem | par le même *Muréna*
in contentione honoris. | dans une rivalité d'honneur.
Si quæ causa non esset, | Quand ce motif n'existerait pas,
tamen | cependant
vel dignitas hominis, | soit le mérite de l'homme,
vel amplitudo ejus honoris | soit l'élévation de cette dignité
quem adeptus est, | qu'il a acquise,
inussisset mihi | aurait infligé à moi
summam famam superbiæ | la plus grande réputation d'orgueil
crudelitatisque, | et de cruauté,
si repudiassem causam | si j'avais répudié la cause
tanti periculi | d'un si grand péril (si périlleuse)
hominis amplissimi | d'un homme si considérable
et suis | et par les *titres* de-lui-même
et ornamentis | et par les titres
populi romani. | du (donnés par le) peuple romain.
Neque enim licet jam mihi, | En effet il n'est-plus-permis déjà à moi,
neque est integrum, | il n'est plus à-*ma*-volonté,
ut non impertiam | que je ne consacre pas
meum laborem | mon travail
periculis hominum | aux dangers des citoyens
sublevandis. | devant être secourus.
Nam quum præmia | Car lorsque des récompenses
sint data mihi | ont été données à moi

sint data, quanta antea nemini : labores, per quos ea ceperis, quum adeptus sis, deponere, esset hominis et astuti, et ingrati.

9. Quod si licet desinere, si te auctore possum, si nulla inertiæ, nulla superbiæ turpitudo, nulla inhumanitatis culpa suscipitur; ego vero libenter desino. Sin autem, fuga laboris desidiam, repudiatio supplicum superbiam, amicorum neglectio improbitatem coarguit; nimirum hæc causa est ejusmodi, quam nec industrius, nec misericors, nec officiosus deserere possit. Atque hujusce rei conjecturam de tuo ipsius studio, Servi, facillime ceperis. Nam, si tibi necesse putas etiam adversariis amicorum tuorum de jure consulentibus respondere; et, si turpe existimas, te advocato [1], illum ipsum, quem contra veneris, causa cadere; noli tam esse injustus, ut, quum tui fontes vel inimicis tuis pateant, nostros rivulos etiam amicis putes clausos esse oportere.

ministère des récompenses inouïes jusqu'à ce jour, m'affranchir des travaux qui me les ont acquises, serait le calcul d'un égoïste et d'un ingrat.

9. Si pourtant il est permis de le faire, si votre exemple m'y autorise, si je ne dois encourir aucun reproche de paresse, d'orgueil ou d'inhumanité, j'y renonce sans peine. Si, au contraire, fuir le travail, repousser un suppliant, négliger ses amis est une preuve d'indolence, de dureté, de perfidie, cette cause assurément est de nature à ce qu'un homme laborieux, compatissant et dévoué ne puisse la déserter. Vous pouvez d'ailleurs en juger très-aisément, Servius, par votre propre opinion. Car, si vous vous croyez forcé de répondre même aux adversaires de vos amis qui vous consultent sur leur droit, et si c'est pour vous une honte, que, dans une cause à laquelle vous êtes appelé, celui-là même succombe, contre lequel témoigne votre présence, ne soyez pas assez injuste, lorsque vos ennemis mêmes peuvent puiser dans vos trésors, pour vouloir que mes faibles ressources soient interdites même à mes amis.

pro hac industria,	pour cette profession,
tanta, quanta	si grandes, qu'*il n'en a été donné de telles*
nemini antea :	à personne auparavant :
esset hominis	il serait d'un homme
et astuti, et ingrati,	et astucieux, et ingrat,
deponere labores,	de cesser les travaux,
per quos ceperis ea,	par lesquels vous avez reçu elles,
quum adeptus sis.	quand vous *les* avez obtenues.
9. Quod si licet desinere,	9. Que s'il est-permis d'*y* mettre-fin,
si possum te auctore,	si je *le* puis toi *l'*autorisant,
si nulla turpitudo inertiæ,	si aucune flétrissure de paresse,
nulla superbiæ,	aucune d'orgueil,
nulla culpa inhumanitatis	aucun reproche d'inhumanité
suscipitur;	ne sont encourus ;
ego vero desino libenter.	pour moi je cesse volontiers.
Sin autem, fuga laboris	Si au contraire, la fuite du travail
coarguit desidiam,	prouve l'indolence,
repudiatio supplicum	l'action-de-repousser les suppliants
superbiam,	l'orgueil,
neglectio amicorum	la négligence des (pour les amis)
improbitatem;	la perversité ;
nimirum hæc causa	assurément cette cause
est ejusmodi,	est de-telle-nature,
quam nec industrius,	que ni un *homme* laborieux,
nec misericors,	ni un *homme* compatissant,
nec officiosus	ni un *homme* obligeant
possit deserere.	ne peut *la* déserter.
Atque ceperis, Servi,	Et tu prendras, Servius,
facillime	très-facilement
conjecturam hujusce rei,	une opinion sur ce sujet,
de tuo studio ipsius.	de ton penchant à toi-même.
Nam, si putas necesse tibi	Car, si tu penses nécessaire à toi-*même*
respondere	de répondre
etiam adversariis	même aux adversaires
tuorum amicorum	de tes amis
consulentibus de jure;	consultant sur le droit ;
et, si existimas turpe,	et, si tu estimes honteux,
te advocato, illum ipsum	toi étant appelé, celui-là même
contra quem veneris,	contre lequel tu es venu
cadere causa;	succomber dans *sa* cause ;
noli esse tam injustus,	ne-va-pas être assez injuste,
ut,	pour que,
quum tui fontes pateant	tandis que tes sources sont-ouvertes
vel tuis inimicis,	même à tes ennemis,
putes oportere	tu penses qu'il faille
nostros rivulos	mes petits-ruisseaux
esse clausos etiam amicis.	être fermés même à *mes* amis.

10. Etenim, si me tua familiaritas ab hac causa removisset, et si hoc idem Q. Hortensio, M. Crasso [1], clarissimis viris, si item ceteris, a quibus intelligo tuam gratiam magni æstimari accidisset; in ea civitate consul designatus defensorem non haberet, in qua nemini unquam infimo majores nostri patronum deesse voluerunt. Ego vero, judices, ipse me existimarem nefarium, si amico, crudelem, si misero, superbum, si consuli defuissem. Quare quod dandum est amicitiæ, large dabitur a me, ut tecum agam, Servi, non secus, ac si meus esset frater, qui mihi est carissimus, isto in loco : quod tribuendum est officio, fidei, religioni, id ita moderabor, ut meminerim, me contra amici studium pro amici periculo dicere.

DIVISIO.

V. 11. Intelligo, judices, tres totius accusationis partes fuisse [2], et earum unam in reprehensione vitæ, alteram in

---

10. Si, en effet, mon amitié pour vous m'avait éloigné de cette cause, s'il en était arrivé de même de Q. Hortensius, de M. Crassus, ces hommes illustres, et de tous les autres qui, je le sais, attachent un grand prix à votre faveur ; un consul désigné n'aurait pas eu de défenseur dans une ville où nos ancêtres ont voulu que le dernier des citoyens ne manquât jamais d'un patron. Pour moi, juges, je m'accuserais de perfidie, de cruauté, d'orgueil, si je faisais défaut à un ami, à un malheureux, à un consul. Ainsi, ce que je puis accorder à l'amitié, je vous l'accorderai sans réserve : j'agirai envers vous, Servius, comme si mon frère, que je chéris, était à votre place ; et, quant aux obligations que m'imposent le devoir, la justice, la religion, je les remplirai de manière à me souvenir que c'est contre un ami que je plaide la cause d'un ami.

DIVISION.

V. 11. Selon moi, juges, toute l'accusation se divise en trois parties, dont l'une a pour objet la censure de la vie de mon client ;

10. Etenim,
si tua familiaritas
removisset me ab hac causa,
et si hoc idem accidisset
Q. Hortensio, M. Crasso,
viris clarissimis,
si item ceteris,
a quibus intelligo
tuam gratiam
æstimari magni;
consul designatus
non haberet defensorem
in ea civitate,
in qua nostri majores
voluerunt patronum
deesse unquam
nemini infimo.
Ego vero ipse, judices,
existimarem me nefarium,
si defuissem amico,
crudelem, si misero,
superbum, si consuli.
Quare
quod est dandum amicitiæ,
dabitur large a me,
ut agam tecum, Servi,
non secus ac
si meus frater,
qui est carissimus mihi,
esset in isto loco :
quod est tribuendum
officio, fidei, religioni,
id moderabor ita,
ut meminerim,
me dicere
pro periculo amici,
contra studium amici.

10. En effet,
si ton amitié
avait éloigné moi de cette cause,
et si cela de même était arrivé
à Q. Hortensius, à M. Crassus,
personnages très-célèbres,
s'*il en était* de même pour d'autres,
par lesquels je sens
ta faveur
être estimée d'un grand *prix ;*
un consul désigné
n'aurait pas de défenseur
dans cette ville,
dans laquelle nos ancêtres
voulurent un patron
ne manquer jamais
à personne du-dernier-rang.
Mais moi-même aussi, juges,
j'estimerais moi criminel,
si je faisais-défaut à un ami,
cruel, si à un malheureux,
orgueilleux., si à un consul.
C'est pourquoi
ce qui doit être donné à l'amitié,
sera donné largement par moi,
afin que j'agisse avec-toi, Servius,
non autrement que
si mon frère,
qui est très-cher à moi,
était à cette place :
ce qui doit être donné
au devoir, à la conscience, à la religion,
je le règlerai de telle sorte,
que je me souviendrai,
moi parler
pour le péril d'un ami,
contre *mon* penchant pour un ami.

DIVISIO.

DIVISION.

V. 11. Intelligo, judices,
tres partes fuisse
totius accusationis,
et unam earum
esse versatam
in reprehensione vitæ,
alteram

V. 11. Je comprends, juges,
trois parties exister
de (dans) toute l'accusation,
et l'une d'elles
consister
dans la censure de la vie *de Muréna,*
l'autre

contentione dignitatis, tertiam in criminibus ambitus esse versatam.

CONTENTIONIS PRIMA PARS.

Atque harum trium partium prima illa, quæ gravissima esse debebat, ita fuit infirma et levis, ut illos lex magis quædam accusatoria [1], quam vera maledicendi facultas, de vita L. Murenæ dicere aliquid coegerit. Objecta est enim Asia [2], quæ ab hoc non ad voluptatem et luxuriam expetita est, sed in militari labore peragrata. Qui si adolescens patre suo imperatore non meruisset; aut hostem, aut patris imperium timuisse, aut a parente repudiatus videretur. An, quum sedere in equis triumphantium prætextati [3] potissimum filii soleant, huic donis militaribus patris triumphum decorare fugiendum fuit, ut rebus communiter gestis pæne simul cum patre triumpharet [4]?

12. Hic vero, judices, et fuit in Asia, et viro fortissimo, parenti suo, magno adjumento in periculis, solatio in labori-

l'autre, la discussion de ses titres; la troisième, la preuve des faits de brigue.

PREMIERE PARTIE DE LA DISCUSSION.

Et de ces trois parties la première, qui devait être la plus grave, a été traitée d'une façon si faible et si légère, que nos adversaires, en parlant de la vie de Muréna, se sont plutôt conformés à cette sorte de loi que se fait toute accusation, qu'à des motifs véritables de l'attaquer. On lui reproche son voyage en Asie; mais il n'y est pas allé chercher le plaisir et la mollesse; il l'a parcourue en soldat. Si, dans sa jeunesse, il n'avait pas servi sous les ordres de son père, on aurait pu croire ou qu'il avait eu peur de l'ennemi, ou qu'il avait refusé d'obéir à son père, ou que son père n'avait pas voulu de lui. Quand on fait asseoir sur les coursiers des triomphateurs leurs fils encore vêtus de la prétexte, Muréna devait-il éviter l'occasion d'orner le triomphe de son père de récompenses militaires cueillies par lui et de partager, pour ainsi dire, sa gloire après avoir partagé ses exploits?

12. Oui, juges, il est allé en Asie, et sa présence a été pour l'illustre guerrier dont il est le fils un grand secours dans les pé-

in contentione dignitatis,	dans la comparaison de *son* mérite,
tertiam	la troisième
in criminibus ambitus.	dans les reproches de brigue.

PRIMA PARS CONTENTIONIS.	PREMIÈRE PARTIE DE LA DISCUSSION.
Atque illa prima	Or cette première
harum trium partium,	de ces trois parties,
quæ debebat	qui devait
esse gravissima,	être la plus grave,
fuit ita infirma et levis,	a été si faible et *si* légère,
ut quædam lex accusatoria	qu'une certaine loi des-accusateurs
coegerit illos	a forcé eux
dicere aliquid	à dire quelque chose
de vita L. Murenæ,	sur la vie de L. Muréna,
magis quam facultas vera	plus qu'une faculté véritable
maledicendi.	de dire-du-mal.
Asia enim est objecta,	L'Asie en effet *lui* a été reprochée,
quæ non est expetita ab hoc	*l'Asie* qui n'a pas été recherchée par lui
ad voluptatem et luxuriam,	pour le plaisir et le luxe,
sed peragrata	mais parcourue
in labore militari.	au milieu des travaux militaires.
Qui si adolescens,	Si lui *étant* jeune,
suo patre imperatore,	son père *étant* général,
non meruisset;	il n'avait pas servi;
videretur	il aurait paru
aut timuisse hostem,	ou avoir craint l'ennemi,
aut imperium patris,	ou le commandement de *son* père,
aut repudiatus a parente.	ou *avoir été* repoussé par *son* père.
An,	Est-ce que,
quum filii prætextati	quand les fils vêtus-de-la-prétexte
soleant sedere potissimum	ont-coutume d'être-placés de-préférence
in equis triumphantium,	sur les chevaux de *leurs pères* triomphants,
fuit fugiendum huic	il dut être évité pour celui-ci
decorare triumphum patris	de décorer le triomphe de *son* père
donis militaribus,	par des récompenses militaires,
ut rebus	afin que les exploits
gestis communiter	ayant été faits en-commun
triumpharet pæne	il triomphât pour-ainsi-dire
simul cum patre?	en même temps avec *son* père?
12. Hic vero, judices,	12. Celui-ci en effet, juges,
et fuit in Asia,	et est allé en Asie,
et fuit viro fortissimo,	et a été pour un homme très-brave
suo parenti,	son père,
magno adjumento	à grand secours

bus, gratulationi in victoria fuit. Et, si habet Asia suspicionem
luxuriæ quamdam, non Asiam nunquam vidisse, sed in Asia
continenter vixisse, laudandum est. Quamobrem non Asiæ
nomen objiciendum Murenæ fuit, ex qua laus familiæ, memoria generi, honos et gloria nomini constituta est; sed aliquod
aut in Asia susceptum, aut ex Asia deportatum flagitium ac
dedecus. Meruisse vero stipendia in eo bello, quod tum populus romanus non modo maximum, sed etiam solum gerebat,
virtutis; patre imperatore libentissime meruisse, pietatis;
finem stipendiorum, patris victoriam ac triumphum fuisse,
felicitatis fuit. Maledicto quidem idcirco nihil in hisce rebus
loci est, quod omnia laus occupavit.

VI. 13. Saltatorem appellat[1] L. Murenam Cato. Maledictum
est, si vere objicitur, vehementis accusatoris; sin falso, male-

___

rils, une consolation dans les fatigues, un nouveau sujet de joie dans
la victoire. Et, si le nom seul de l'Asie inspire quelque soupçon de
mollesse, on doit mériter des éloges, non pas pour n'avoir jamais vu
l'Asie, mais pour avoir vécu en Asie avec modération. Il ne faut
donc pas reprocher ce nom de l'Asie à Muréna, puisque ce pays a
illustré sa famille, immortalisé sa race, couvert son nom d'éclat et
de gloire ; mais il faudrait prouver qu'il a contracté en Asie, ou qu'il
en a rapporté quelque vice et quelque souillure. Mais, avoir servi dans
une guerre qui était non-seulement la plus importante, mais la seule
que fît alors le peuple romain, c'est une preuve de courage; s'être
rangé avec empressement sous les ordres paternels, c'est de la piété
filiale; avoir vu terminer ses campagnes par la victoire et le triomphe de son père, c'est du bonheur. Il n'y a donc point de place pour
la médisance dans cette époque de sa vie, que la gloire remplit tout
entière.

VI. 13. Caton appelle L. Muréna un danseur. Si le reproche est
vrai, c'est une accusation passionnée qui le dicte; s'il est faux, c'est

in periculis,	dans les périls,
solatio in laboribus,	à consolation dans les fatigues,
gratulationi in victoria	à sujet-de-joie dans ia victoire.
Et, si Asia habet	Et, si l'Asie porte *en elle*
quamdam suspicionem	quelque soupçon
luxuriæ,	de mollesse,
laudandum est	il faut louer *Muréna*
non nunquam vidisse	non pas de n'avoir jamais vu
Asiam,	l'Asie,
sed vixisse in Asia	mais d'avoir vécu en Asie
continenter.	avec-tempérance.
Quamobrem nomen Asiæ	C'est pourquoi le nom de l'Asie
non fuit objiciendum	n'est point à-reprocher
Murenæ,	à Muréna,
ex qua laus	*l'Asie* par laquelle le renom
est constituta familiæ,	s'est attaché à *sa* famille,
memoria generi,	le souvenir à *sa* race,
honos et gloria nomini ;	l'honneur et la gloire à *son* nom;
sed aliquod flagitium	mais, *dira-t-on*, quelque tâche
ac dedecus	et *quelque* flétrissure
aut susceptum in Asia,	*a été* ou contractée en Asie,
aut deportatum ex Asia.	ou rapportée de l'Asie.
Meruisse vero stipendia	Au contraire avoir porté les armes
in eo bello,	dans cette guerre,
quod populus romanus	que le peuple romain
gerebat tum	faisait alors
non modo maximum,	non-seulement la plus grande,
sed etiam solum,	mais encore la seule,
fuit virtutis :	fut du courage :
meruisse libentissime	avoir servi de-très-bon-gré
patre imperatore,	*son* père *étant* général,
pietatis ;	*fut* de la piété *filiale ;*
finem stipendiorum,	la fin du service,
fuisse victoriam	avoir été la victoire
ac triumphum patris,	et le triomphe de *son* père,
felicitatis.	*fut* du bonheur.
Idcirco quidem	Ainsi donc en réalité
est nihil loci maledicto	il n'y a aucun lieu à la médisance
in hisce rebus,	dans ces circonstances,
quod laus occupavit omnia.	parce que la gloire *les* a remplies toutes.
VI. 13. Cato	VI. 13. Caton
appellat L. Murenam	appelle L. Muréna
saltatorem.	danseur.
Est maledictum	C'est une injure
accusatoris vehementis,	d'un accusateur violent,
si objicitur vere ;	si elle est faite avec-vérité ;
sin falso,	mais si c'est faussement,

dici conviciatoris. Quare quum ista sis auctoritate, non debes,
M. Cato, arripere maledictum ex trivio, aut ex scurrarum aliquo convicio; neque temere consulem populi romani saltatorem vocare, sed conspicere, quibus præterea vitiis affectum
esse necesse sit eum, cui vere istud objici possit. Nemo enim
fere saltat sobrius, nisi forte insanit, neque in solitudine,
neque in convivio moderato atque honesto : tempestivi con-
vivii, amœni loci, multarum deliciarum comes est extrema
saltatio. Tu mihi arripis id, quod necesse est omnium vitiorum
esse postremum; relinquis illa, quibus remotis, hoc vitium
omnino esse non potest. Nullum turpe convivium, non amor,
non comissatio, non libido, non sumptus ostenditur. Et, quum
ea non reperiantur, quæ voluptatis nomen habent, quæque

une outrageante calomnie. Aussi, vous qui jouissez d'une autorité si
imposante, vous ne devez pas, Caton, ramasser une injure qui traîne
dans les rues, ou l'emprunter à quelques saillies de bouffons; vous ne
devez pas qualifier légèrement de danseur un consul du peuple romain; mais considérer de combien de vices il faut que soit atteint
l'homme auquel on peut reprocher justement celui-là. Un homme ne
danse guère, en effet, de sang-froid, à moins qu'il n'ait perdu la raison, ni dans la solitude, ni dans un repas modeste et honnête. Ce
n'est qu'après un festin sans mesure, dans des lieux consacrés au
plaisir, que la danse finit par se joindre aux autres voluptés. Et vous
nous attaquez tout d'abord sur un vice qui vient nécessairement le
dernier de tous; et vous négligez ceux sans lesquels celui-là ne saurait se produire. Vous ne nous montrez ni repas de débauche, ni
coupables amours, ni excès, ni désordres, ni folles dépenses. Et, quand
vous ne découvrez aucun de ces plaisirs, qui ne sont que des vices,

conviciatoris maledici.	*elle est* d'un insolent calomniateur.
Quare	C'est pourquoi
quum sis ista auctoritate,	lorsque tu es d'une pareille autorité,
non debes, M. Cato,	tu ne dois pas, M. Caton,
arripere maledictum	ramasser un méchant-propos
ex trivio,	sur la place-publique,
aut ex aliquo convicio	ou dans quelque impertinence
scurrarum ;	de bouffons ;
neque vocare temere	ni appeler sans-raison
consulem populi romani	un consul du peuple romain
saltatorem ,	danseur,
sed conspicere,	mais considérer
quibus vitiis	de quels vices
necesse sit eum,	il est nécessaire cet *homme*,
cui istud	auquel ce *vice*
possit objici vere,	peut être reproché avec-vérité,
esse affectum præterea.	être atteint en outre.
Fere enim nemo sobrius	En effet presque aucun-homme sobre
saltat,	ne danse,
nisi forte	à moins que par hasard
insanit,	il ne perde-la-raison,
neque in solitudine,	*il ne danse* ni dans la solitude,
neque in convivio	ni dans un repas
moderato atque honesto :	frugal et honnête :
saltatio	la danse
est comes extrema	est la suite extrême
convivii tempestivi ,	d'un festin prolongé,
loci amœni ,	d'un lieu agréable,
deliciarum multarum.	de voluptés nombreuses.
Tu arripis mihi	Tu attaques-tout-d'abord à moi
id ,	ce *vice,*
quod est necesse	lequel il est nécessaire
esse postremum	être le dernier
omnium vitiorum ;	de tous les vices ;
relinquis illa ,	tu laisses-de-côté ceux ,
quibus remotis,	lesquels étant écartés,
hoc vitium non potest	ce vice ne peut
omnino esse.	en-aucune-façon exister.
Nullum convivium turpe	Aucun repas honteux
ostenditur,	n'est montré,
non amor,	pas d'amour,
non commissatio,	pas de débauche,
non libido, non sumptus.	pas de déréglement , pas de luxe
Et , quum ea	Et , quand ces *écarts*
quæ habent	qui ont
nomen voluptatis ,	le nom de plaisirs ,
quæque sunt vitiosa,	et qui sont vicieux ,

vitiosa sunt; in quo ipsam luxuriam reperire non potes, in eo
te umbram luxuriæ reperturum putas?

14. Nihil igitur in vitam L. Murenæ dici potest : nihil, inquam, omnino, judices. Sic a me consul designatus defenditur,
ut ejus nulla fraus, nulla avaritia, nulla perfidia, nulla crudelitas, nullum petulans dictum in vita proferatur. Bene habet : jacta sunt fundamenta defensionis. Nondum enim nostris
laudibus, quibus utar postea, sed prope inimicorum confessione, virum bonum, atque integrum hominem defendimus.

CONTENTIONIS SECUNDA PARS.

VII. 15. Quo constituto[1], facilior est mihi aditus ad contentionem dignitatis : quæ pars altera fuit accusationis. Summam
video esse in te, Servi Sulpici, dignitatem generis, integritatis,
industriæ ceterorumque ornamentorum omnium, quibus fretum ad consulatus petitionem aggredi par est. Paria cognosco

sous le nom de volupté, vous pensez que dans l'homme en qui vous
ne pouvez trouver la débauche, vous en trouverez l'ombre?

14. N'y a-t-il donc rien à dire contre la conduite de Muréna? Non,
juges, rien absolument. Je soutiens que, dans la vie entière du consul désigné, l'on ne saurait produire aucun trait de mauvaise foi,
d'avarice, de perfidie, de cruauté, d'emportement dans les paroles.
Je suis content ; j'ai jeté les fondements de ma défense. Ce n'est point
encore par des éloges, dont je ferai plus tard usage, mais presque par
les aveux de nos ennemis, que j'ai justifié devant vous un bon citoyen
et un homme intègre.

SECONDE PARTIE DE LA DISCUSSION.

VII. 15. Ce point établi, j'aborderai plus facilement la discussion
des titres des candidats, qui forme la seconde partie de l'accusation.
Je reconnais en vous, Servius Sulpicius, à un très-haut degré, l'illustration de la naissance, de la vertu, du talent et tous les autres mé-
rites qui donnent le droit, à celui qui les possède, de prétendre au

non reperiantur;   ne sont pas trouvés;
putas te reperturum   tu penses toi devoir trouver
umbram luxuriæ   l'ombre de la corruption
in eo in quo   dans celui chez lequel
non potes reperire   tu ne peux découvrir
luxuriam ipsam?   la corruption elle-même?

14. Nihil igitur   14. Rien donc
potest dici in vitam   ne peut être dit contre la vie
L. Murenæ :   de L. Muréna :
nihil omnino,   rien absolument,
inquam, judices.   dis-je, juges.
Consul designatus   Le consul désigné
defenditur a me sic,   est défendu par moi dans-ces-termes,
ut nulla fraus ejus,   qu'aucune fraude de lui,
nulla avaritia,   aucune avarice,
nulla perfidia,   aucune perfidie,
nulla crudelitas,   aucune cruauté,
nullum dictum petulans   aucune parole emportée
proferatur in vita.   n'est signalée dans *sa* vie.
Habet bene :   *C'*est bien :
fundamenta defensionis   les fondements de la défense
sunt jacta.   sont jetés.
Defendimus enim,   Car je défends,
nondum nostris laudibus,   non pas encore par mes éloges,
quibus utar postea,   dont je ferai-usage ensuite,
sed prope confessione   mais presque par l'aveu
inimicorum,   de *ses* ennemis,
virum bonum,   un homme de-bien,
atque hominem integrum.   et un homme intègre.

SECUNDA PARS CONTENTIONIS.

SECONDE PARTIE DE LA DISCUSSION

VII. 15. Quo constituto,   VII. 15. Cela établi,
aditus est facilior mihi   l'accès est plus facile à moi
ad contentionem dignitatis: pour la discussion du mérite :
quæ fuit altera pars   qui est la seconde partie
accusationis.   de l'accusation.
Video, Servi Sulpici,   Je vois, Servius Sulpicius,
summam dignitatem   une haute illustration
generis, integritatis,   de race, d'honneur,
industriæ   de talent
omniumque ceterorum   et de tous les autres
ornamentorum,   avantages,
quibus est par fretum   dont il est juste *celui qui est* appuyé,
aggredi   aborder
ad petitionem consulatus,   la demande du consulat,

esse ista in L. Murena, atque ita paria, ut neque ipse dignitate vinci potuerit, neque te dignitate superarit. Contempsisti
L. Murenæ genus ; extulisti tuum. Quo loco si tibi hoc sumis ,
nisi qui patricius sit, neminem bono esse genere natum ; acis
ut rursus plebs in Aventinum[1] sevocanda esse videatur : sin
autem sunt amplæ et honestæ familiæ plebeiæ : et proavus
L. Murenæ, et avus[2], prætores fuerunt ; et pater quum am-
plissime atque honestissime ex prætura triumphasset , hoc
faciliorem huic gradum consulatus adipiscendi reliquit, quod
is jam patri debitus, a filio petebatur.

16. Tua vero nobilitas[3], Servi Sulpici, tametsi summa est,
tamen hominibus litteratis et historicis est notior ; populo vero
et suffragatoribus obscurior. Pater enim fuit equestri loco[4] ; avus
nulla illustri laude celebratus. Itaque non ex sermone homi-

consulat. Mais je vois que ces avantages sont égaux dans L. Muréna,
et tellement égaux que ses titres ne peuvent, ni le céder aux vôtres
ni l'emporter sur eux. Vous avez rabaissé la naissance de Muréna et
exalté la vôtre. Si vous posez en principe, à cet égard, qu'à moins
d'être patricien, l'on ne peut se dire bien né, vous rendez inévitable,
ce me semble, une nouvelle retraite du peuple sur le mont Aventin.
Mais il y a dans les plébéiens des familles puissantes et considérées ;
le bisaïeul et l'aïeul de L. Muréna ont été préteurs ; et son père, en
obtenant après sa préture le plus magnifique et le plus glorieux triomphe, lui a rendu l'accès au consulat d'autant plus facile que c'était
un honneur déjà mérité par le père que le fils sollicitait.

16. Votre noblesse, Servius Sulpicius, quoique fort illustre sans
doute, est néanmoins plus appréciée des historiens et des savants, mais
moins connue du peuple et de ceux qui donnent leurs suffrages.
Votre père, en effet, resta dans l'ordre équestre ; votre aïeul n'est
distingué par aucun genre de gloire. Ce n'est donc pas dans le témoi-

esse in te.	se trouver en toi.
Cognosco ista	Je sais ces *avantages*
esse paria in L. Murena,	être pareils dans L. Muréna,
atque ita paria,	et tellement pareils,
ut ipse neque potuerit	que lui-même ni ne peut
vinci dignitate,	être vaincu en mérite,
neque superarit te	ni ne surpasse toi
dignitate.	en mérite.
Contempsisti	Tu as rabaissé
genus L. Murenæ ;	l'origine de L. Muréna ;
extulisti tuum.	tu as élevé la tienne.
Quo loco	A ce propos
si sumis hoc tibi,	si tu prends cela sur toi,
neminem	personne
esse natum bono genere,	n'être issu d'une bonne famille,
nisi qui sit patricius ;	à moins qu'il ne soit patricien ;
facis ut plebs videatur	tu fais que le peuple paraisse
esse sevocanda rursus	devoir être mis-à-l'écart de nouveau
in Aventinum :	sur l'Aventin :
sin autem	mais au contraire
familiæ plebeiæ sunt	des familles plébéiennes existent
amplæ et honestæ :	illustres et honorables :
et proavus L. Murenæ,	et le bisaïeul de L. Muréna,
et avus,	et *son* aïeul,
fuerunt prætores ;	furent préteurs ;
et pater	et *son* père
quum triumphasset	lorsqu'il eut triomphé
amplissime	magnifiquement
atque honestissime	et glorieusement
ex prætura,	après la préture,
reliquit huic gradum	laissa à lui la route
consulatus adipiscendi	du consulat devant être acquis
faciliorem hoc,	plus facile par cela,
quod is jam debitus patri,	que cet *honneur* déjà dû au père
petebatur a filio.	était demandé par le fils.
16. Tua vero nobilitas,	16. Quant à ta noblesse,
Servi Sulpici,	Servius Sulpicius,
tametsi est summa,	quoiqu'elle soit très-haute,
tamen est notior	cependant elle est plus connue
hominibus litteratis	des hommes lettrés
et historicis ;	et des historiens ;
obscurior vero populo	mais plus obscure pour le peuple
et suffragatoribus.	et pour ceux-qui-donnent-*leurs*-suffrages.
Pater enim,	*Ton* père en effet,
fuit loco equestri ;	fut de l'ordre équestre ;
avus celebratus	*ton* aïeul ne *fut* connu
nulla laude illustri.	par aucun titre célèbre.

num recenti, sed ex annalium vetustate eruenda est memoria nobilitatis tuæ. Quare ego te semper in nostrum numerum aggregare soleo, quod virtute industriaque perfecisti, ut, quum equitis romani esses filius, summa tamen amplitudine dignus putarere : nec mihi unquam minus in Q. Pompeio, novo homine, et fortissimo viro, virtutis esse visum est, quam in homine nobilissimo, M. Æmilio[1]. Etenim ejusdem animi atque ingenii est, posteris suis, quod Pompeius fecit, amplitudinem nominis, quam non acceperit, tradere; et, ut Scaurus, memoriam prope intermortuam generis sui, virtute renovare.

VIII. 17. Quanquam ego putabam, judices, multis viris fortibus ne ignobilitas objiceretur generis, meo labore esse perfectum ; qui non modo Curiis, Catonibus, Pompeiis, antiquis illis, fortissimis viris, novis hominibus, sed his recentibus, Mariis, et Didiis, et Cæliis commemorandis jacebant.

gnage de vos contemporains, mais dans la poussière des annales qu'il faut chercher le souvenir de votre noble origine. Aussi m'est-il ordinaire de vous regarder comme un des nôtres, vous, qui, fils d'un simple chevalier, êtes parvenu par votre vertu et par vos talents à vous faire juger digne des plus grands honneurs ; et jamais je n'ai pensé qu'il y eût moins de mérite dans Q. Pompée, qui a fait sa noblesse par son courage, que dans M. Émilius, qui a reçu la sienne de ses ancêtres. Car il faut autant de caractère et de génie pour laisser à ses descendants, comme l'a fait Pompée, une illustration qu'on ne doit à personne, que pour renouveler, à l'exemple de Scaurus, par son propre mérite, la mémoire presque éteinte de sa race.

VIII. 17. Je croyais d'ailleurs, juges, avoir assez fait pour qu'un grand nombre de citoyens distingués ne trouvassent plus un obstacle dans l'obscurité de leur origine : ils avaient beau s'appuyer jusqu'ici, non-seulement sur les Curius, les Caton et les Pompée, citoyens illustres chez nos aïeux et hommes nouveaux de cette époque, mais encore sur les exemples récents des Marius, des Didius et des

Itaque memoria	C'est pourquoi le souvenir
tuæ nobilitatis	de ta noblesse
est eruenda	doit être tiré
non ex sermone recenti	non de l'entretien actuel
hominum,	des hommes,
sed ex vetustate annalium.	mais de l'antiquité des annales.
Quare ego soleo	C'est pourquoi j'ai-coutume
aggregare te semper	de réunir toi toujours
in numerum nostrum,	au nombre des-nôtres,
quod perfecisti	parce que tu as obtenu
virtute industriaque,	par *ta* vertu et *les* talents,
ut, quum esses filius	que, lorsque tu étais le fils
equitis romani,	d'un chevalier romain,
putarere tamen dignus	cependant tu fusses jugé digne
amplitudine summa :	de l'honneur le plus élevé :
nec unquam est visum mihi	il n'a non plus jamais paru à moi
minus virtutis	moins de mérite
esse in Q. Pompeio,	être dans Q. Pompée,
homine novo,	homme nouveau,
et viro fortissimo,	et guerrier très-courageux,
quam in M. Æmilio,	que dans M. Emilius,
homine nobilissimo.	homme très-noble.
Etenim est ejusdem animi	En effet il est de la même âme
atque ingenii,	et du *même* génie,
tradere suis posteris	de transmettre à ses descendants
amplitudinem nominis,	une illustration de nom,
quam non acceperit,	qu'il n'a pas reçue,
quod Pompeius fecit ;	ce que Pompée a fait :
et renovare virtute,	et de renouveler par *son* mérite,
ut Scaurus,	comme Scaurus,
memoriam sui generis	la mémoire de sa famille
prope intermortuam.	presque éteinte.
VIII. 17. Quanquam	VIII. 17. Cependant
ego putabam, judices,	je pensais, juges,
esse perfectum	*cela* être réalisé *déjà*
meo labore,	par mes efforts,
ne ignobilitas generis	que l'obscurité d'origine
objiceretur	ne serait pas opposée
multis viris fortibus ;	à beaucoup d'hommes courageux ;
qui non modo Curiis,	*eux* qui non-seulement les Curius,
Catonibus, Pompeiis,	les Caton, les Pompée,
illis viris antiquis,	ces héros antiques,
fortissimis,	si courageux,
hominibus novis,	hommes nouveaux,
sed his recentibus,	mais ces *hommes* de-nos-jours,
Mariis,	les Marius,
et Didiis, et Cæliis	et les Didius, et les Célius

Quum ego vero tanto intervallo claustra ista nobilitatis refregissem, ut aditus ad consulatum posthac, sicut apud majores
nostros¹ fuit, non magis nobilitati, quam virtuti, pateret ; non
arbitrabar, quum ex familia vetere et illustri consul designatus, ab equitis romani filio, consule, defenderetur, de generis
novitate accusatores esse dicturos. Etenim mihi ipsi accidit,
ut cum duobus patriciis, altero improbissimo atque audacissimo, altero modestissimo atque optimo viro peterem : superavi tamen dignitate Catilinam, gratia Galbam. Quod si id
crimen homini novo esse deberet; profecto mihi neque inimici,
neque invidi defuissent.

18. Omittamus igitur de genere dicere, cujus est magna in
utroque dignitas : videamus cetera. « Quæsturam una petiit²,
et sum ego factus prior. » Non est respondendum ad omnia :
neque enim quemquam vestrum fugit, quum multi pares digni-

Célius; ils restaient oubliés. Mais, lorsque, après un si long intervalle,
j'avais brisé cette barrière, élevée par la noblesse, et rendu le consulat désormais accessible, comme autrefois, au mérite aussi bien qu'à
la naissance, je ne supposais pas que, lorsqu'un consul désigné, d'une
famille ancienne et illustre, était défendu par un consul, fils d'un
simple chevalier romain, ses accusateurs l'attaqueraient sur la nouveauté de sa race. Il m'est arrivé à moi-même d'avoir pour compétiteurs deux patriciens, l'un le plus scélérat et le plus audacieux des
hommes, l'autre le plus modeste et le plus probe; et cependant je l'ai
emporté sur Catilina par le mérite, et sur Galba par la faveur du
peuple. Si l'on pouvait faire un crime à un homme nouveau d'une
pareille victoire, certes je n'aurais manqué ni d'ennemis ni d'envieux.

18. Ne parlons donc plus de la naissance, qui est également distinguée de part et d'autre; examinons le reste. « Muréna, dit Sulpicius, a brigué la questure avec moi, et j'ai été nommé le premier. »
Ceci n'exige pas de réponse. Vous savez tous, en effet, que sur une
liste de candidats égaux en titres, un seul pouvant être placé le pre-

commemorandis,
jacebant.
Quum vero ego refregissem
intervallo tanto
ista claustra nobilitatis,
ut aditus ad consulatum
pateret posthac,
sicut fuit
apud nostros majores,
non magis nobilitati,
quam virtuti ;
non arbitrabar,
quum consul designatus,
ex familia vetere
et illustri
defenderetur ab filio
equitis romani,
consule,
accusatores esse dicturos
de novitate generis.
Etenim accidit mihi ipsi,
ut peterem
cum duobus patriciis,
altero improbissimo
atque audacissimo,
altero modestissimo
atque optimo viro :
superavi tamen
Catilinam dignitate,
Galbam gratia.
Quod si id
deberet esse crimen
homini novo ;
profecto
neque inimici, neque invidi
defuissent mihi.
18. Omittamus igitur
dicere de genere,
cujus magna dignitas
est in utroque :
videamus cetera.
« Petiit quæsturam : na,
et ego sum factus prior. »
Non est respondendum
ad omnia :
neque enim fugit
quemquam vestrum,

pouvant être invoqués,
languissaient dans l'oubli.
Mais lorsque moi j'avais brisé
après un intervalle si long
ces barrières de la noblesse,
afin que l'accès au consulat
fût-ouvert dans la suite,
comme il l'a été
chez nos ancêtres,
pas plus à la noblesse,
qu'au mérite ;
je ne pensais pas,
lorsqu'un consul désigné,
d'une famille ancienne
et illustre
était défendu par le fils
d'un chevalier romain,
consul,
les accusateurs devoir parler
de la nouveauté de *sa* race.
En effet il est arrivé à moi-même,
que j'ai demandé *le consulat*
avec deux patriciens,
l'un très-scélérat
et très-audacieux,
l'autre très-modeste
et excellent citoyen :
cependant j'ai vaincu
Catilina par le mérite,
Galba par la faveur *du peuple*.
Que si cela
devait être un crime
pour un homme nouveau ;
assurément
ni des ennemis, ni des envieux
n'auraient manqué à moi.
18. Cessons donc
de parler de la naissance,
dont la grande illustration
se trouve dans l'un-et-l'autre :
voyons le reste.
« Il a demandé la questure avec *moi*,
et moi j'ai été nommé le premier. »
Il ne faut pas répondre
à tout :
il n'échappe en effet
à aucun de vous,

tate fiant, unus autem primum solus possit obtinere, non
eumdem esse ordinem dignitatis, et renuntiationis, propterea
quod renuntiatio gradus habeat[1] ; dignitas autem sit persæpe
eadem omnium. Sed quæstura utriusque propemodum pari
momento sortis fuit. Habuit hic lege Titia[2] provinciam taci-
tam, et quietam : tu illam, cui, quum quæstores sortiuntur,
etiam acclamari solet, Ostiensem, non tam gratiosam et illu-
strem, quam negotiosam et molestam[3]. Consedit utriusque nomen in quæstura. Nullum enim vobis sors campum dedit, in
quo excurrere virtus cognoscique posset.

IX. 19. Reliqui temporis spatium in contentionem vocatur :
ab utroque dissimillima ratione tractatum est. Servius hic no-
biscum hanc urbanam militiam[4] respondendi, scribendi, ca-
vendi, plenam sollicitudinis, ac stomachi, secutus est : jus

mier, l'ordre des nominations n'est pas celui du mérite, parce qu'il
existe des rangs dans les nominations, et que souvent il n'y en a pas
dans le mérite. Au reste, il échut à tous deux une questure à peu
près égale. Muréna reçut, en exécution de la loi Titia, une province
calme et tranquille; vous celle dont le nom, quand les questeurs
tirent au sort, est accueilli d'ordinaire par des risées, la province
d'Ostie, moins avantageuse et moins brillante que pénible et désa-
gréable. Vos deux noms restèrent en oubli pendant la questure;
car le sort ne vous ouvrit aucune carrière où votre mérite pût se dé-
ployer et se faire jour.

IX. 19. C'est sur le temps qui suivit que le parallèle doit s'établir;
chacun d'eux l'employa d'une façon différente. Servius s'est enrôlé
avec nous à Rome, dans cette milice civile dont le service consiste
en consultations, en réponses, en formules; service plein de soucis et
de vives émotions; il a étudié le droit civil; il a supporté beaucoup

quum multi	lorsque plusieurs
fiant pares dignitate,	sont égaux en mérite,
unus autem solus	mais qu'un seul
possit obtinere primum,	peut obtenir le premier *rang*,
ordinem dignitatis,	l'ordre du mérite,
et renuntiationis	et *celui* de la proclamation
non esse eumdem,	ne pas être le même,
propterea quod	par la raison que
renuntiatio habeat gradus;	la proclamation a des rangs;
dignitas autem omnium	mais *que* le mérite de tous
sit persæpe eadem.	est très-souvent égal.
Sed quæstura utriusque	D'ailleurs la questure de l'un-et-de-l'autre
fuit propemodum	fut à peu près
pari momento sortis.	d'une égale importance par le sort.
Hic habuit lege Titia	Lui reçut d'après la loi Titia
provinciam tacitam	une province tranquille
et quietam :	et paisible :
tu illam,	toi celle,
cui,	dont-le-nom,
quum quæstores	lorsque les questeurs
sortiuntur,	tirent-au-sort,
solet etiam acclamari,	a-coutume même d'être hué,
Ostiensem,	*celle* d'-Ostie,
non tam gratiosam	moins avantageuse
et illustrem,	et brillante,
quam negotiosam	que difficile
et molestam.	et désagréable.
Nomen utriusque	Le nom de l'un-et-de-l'autre
consedit in quæstura	tomba-en-oubli dans la questure.
Sors enim dedit vobis	Car le sort ne donna à vous
nullum campum,	aucune carrière,
in quo virtus	dans laquelle *votre* mérite
posset excurrere	pût se déployer
cognoscique.	et être connu.
IX. 19. Spatium	IX. 19. L'espace
temporis reliqui	du temps qui-suivit
vocatur in contentionem :	est appelé en discussion :
est tractatum ab utroque	il a été employé par l'un-et-l'autre
ratione dissimillima.	d'une manière très-différente.
Servius	Servius
secutus est hic nobiscum	a suivi ici avec-nous
hanc militiam urbanam	ce service civil
respondendi, scribendi,	de réponses, d'écritures,
cavendi,	de conseils-de-sûreté,
plenam sollicitudinis,	plein de sollicitude,
ac stomachi :	et d'émotions :
didicit jus civile :	il a appris le droit civil :

civile didicit : multum vigilavit : laboravit : præsto multis
fuit : multorum stultitiam perpessus est : arrogantiam pertulit :
difficultatem exsorbuit : vixit ad aliorum arbitrium, non ad
suum. Magna laus, et grata hominibus, unum hominem ela-
borare in ea scientia, quæ sit multis profutura.

20. Quid Murena interea ? fortissimo et sapientissimo
viro, summo imperatori legatus L. Lucullo fuit : qua in legatione duxit exercitum : signa contulit : manum conseruit :
magnas copias hostium fudit : urbes partim vi, partim obsi-
dione cepit : Asiam istam refertam, et eamdem delicatam,
sic obiit, ut in ea neque avaritiæ, neque luxuriæ vestigium
reliquerit : maximo in bello sic est versatus, ut hic multas res
et magnas sine imperatore gesserit, nullam sine hoc imperator. Atque hæc, quanquam præsente L. Lucullo loquar, tamen,
ne ab ipso, propter periculum nostrum, concessam videamur

de veilles et de travaux ; il a rendu service à bien des gens, subi la
sottise des uns, souffert l'arrogance des autres, surmonté les difficultés et passé sa vie à faire la volonté du public et non pas la sienne.
Mérite important et digne de reconnaissance que celui de travailler
à une science, au moyen de laquelle un seul homme peut se rendre
utile à une foule d'autres.

20. Que faisait cependant Muréna ? Il était lieutenant d'un homme
aussi distingué par sa bravoure que par sa prudence, de l'illustre général L. Lucullus. Dans ce poste, il a commandé une armée, livré
des batailles, engagé des actions, vaincu des ennemis nombreux ;
il a pris des villes, les unes d'assaut, les autres par capitulation ; il a
parcouru cette riche et voluptueuse Asie, sans y laisser aucune trace
d'avarice ou de débauche ; et, dans une guerre importante, sa part a été
telle, qu'il a souvent fait de grandes choses sans son général, et que
son général n'en a fait aucune sans lui. Et, quoique je tienne ce langage en présence de L. Lucullus, néanmoins, pour éviter de paraître
autorisé par lui-même à exagérer les services de son lieutenant, à

vigilavit multum :	il a veillé beaucoup :
laboravit :	il a travaillé :
fuit præsto multis :	il a secouru beaucoup de *gens*
perpessus est	il a souffert
stultitiam multorum :	la sottise d'un-grand-nombre :
pertulit arrogantiam :	il a supporté l'arrogance :
exsorbuit difficultatem :	il a dévoré les ennuis :
vixit ad arbitrium aliorum,	il a vécu à la volonté des autres,
non ad suum.	non à la sienne.
Laus magna,	Mérite important,
et grata hominibus,	et agréable aux hommes,
unum hominem	un-seul homme
elaborare in ea scientia,	se-livrer-à-l'étude de cette science,
quæ sit profutura multis.	qui doit servir à beaucoup *d'hommes*.
20. Quid Murena interea ?	20. Que *fit* Muréna pendant ce temps ?
fuit legatus L. Lucullo,	il fut lieutenant de L. Lucullus,
viro fortissimo	homme très-brave
et sapientissimo,	et très-sage,
imperatori summo :	général très-distingué :
in qua legatione	dans cette lieutenance
duxit exercitum :	il commanda l'armée :
contulit signa :	il livra des batailles :
conseruit manum :	il en vint aux mains *lui-même* :
fudit	il mit-en-fuite
magnas copias hostium :	de grandes troupes des ennemis :
cepit urbes	il prit des villes
partim vi,	les unes par la force,
partim obsidione :	les autres par des siéges :
obiit istam Asiam refertam,	il parcourut cette Asie opulente,
et eamdem delicatam,	et aussi voluptueuse,
sic,	*se conduisant* de façon,
ut reliquerit in ea	qu'il ne laissât dans ce *pays*
vestigium	*aucune* trace
neque avaritiæ,	ni d'avarice,
neque luxuriæ :	ni de mollesse :
versatus est	il prit-part
in bello maximo	à la guerre la plus importante
sic, ut gesserit hic	de telle manière, qu'il fit, lui,
res multas et magnas	des choses nombreuses et grandes
sine imperatore,	sans *son* général,
imperator nullam sine hoc.	*et son* général aucune sans lui.
Atque tamen, quanquam	Et cependant, quoique
loquar hæc	je dise cela
L. Lucullo præsente,	L. Lucullus *étant* présent,
ne videamur habere	afin que je ne semble pas avoir
licentiam fingendi	une permission d'exagérer
concessam ab ipso,	accordée par lui-même,

habere licentiam fingendi, publicis litteris testata sunt omnia ;
quibus L. Lucullus tantum Murenæ laudis impertiit, quantum
neque ambitiosus imperator, neque invidus, tribuere alteri
in communicanda gloria debuit.

24. Summa in utroque est honestas, summa dignitas : quam
ego, si mihi per Servium liceat, pari atque eadem in laude
ponam. Sed non licet. Agitat rem militarem : insectatur totam
hanc legationem : assiduitatis et operarum harum quotidiana-
rum putat esse consulatum. « Apud exercitum mihi fueris,
inquit, tot annos? forum non attigeris? abfueris tamdiu? et,
quum longo intervallo veneris, cum iis, qui in foro habita-
runt, de dignitate contendas? » Primum ista nostra assiduitas,
Servi, nescis quantum interdum afferat hominibus fastidii,
quantum satietatis. Mihi quidem vehementer expediit, posi-

cause du danger qui le menace, j'ajoute qu'ils sont tous attestés dans
ces lettres officielles où L. Lucullus lui accorde les éloges qu'un
général, exempt d'ambition et d'envie, doit donner à celui qu'il veut
associer à sa gloire.

21. Il y a donc, de part et d'autre, les titres les plus honorables
et les plus distingués; et, si Servius me le permettait, je leur attri-
buerais un mérite tout à fait égal; mais il ne le veut pas. Il déprime
l'art militaire; il rabaisse tous les exploits de son rival; il prétend
que le consulat ne doit être le prix que de l'assiduité du séjour dans
Rome, et de ces bons offices journaliers qu'on y rend. « Vous serez
resté, dit-il, tant d'années à l'armée? vous n'aurez pas mis le pied
dans le forum? on ne vous aura pas vu depuis si longtemps dans la
ville? et, lorsque vous reviendrez, après un long intervalle, ce sera
pour disputer les honneurs à ceux qui ont passé leur vie sur la place
publique? » D'abord, vous ne savez pas, Servius, combien cette présence continuelle devient quelquefois à charge et fatigante pour nos
concitoyens. Il m'a été sans doute très-utile que mon crédit se mon-

propter	à cause de
nostrum periculum,	notre danger,
omnia sunt testata	tout est attesté
litteris publicis ;	par les lettres publiques ;
quibus L. Lucullus	dans lesquelles L. Lucullus
impertiit Murenæ	accorde à Muréna
tantum laudis,	autant d'éloge
quantum imperator	qu'un général
neque ambitiosus,	*qui n'est* ni ambitieux,
neque invidus,	ni jaloux,
debuit tribuere alteri	a dû *en* attribuer à un autre
in gloria communicanda.	dans *sa* gloire à-partager.
21. Honestas summa,	21. Une considération très-haute,
dignitas summa	un mérite très-grand
est in utroque :	se trouvent dans l'un-et-l'autre :
quàm ego,	*avantage* que moi,
si liceat mihi per Servium,	s'il est-permis à moi par Servius,
ponam in laude	je placerai dans une recommandation
pari atque eadem.	pareille et égale.
Sed non licet.	Mais *cela* n'est-pas-permis *à moi*.
Agitat rem militarem :	Il attaque l'art militaire :
insectatur	il invective
hanc legationem totam :	ce service-de-lieutenant tout-entier :
putat consulatum	il pense que le consulat
esse assiduitatis	est *le prix* de *cette* assiduité
et harum operarum	et de ces occupations
quotidianarum.	journalières.
« Fueris mihi, inquit,	« Tu auras été à moi, dit-il,
tot annos	tant d'années
apud exercitum ?	au milieu d'une armée ?
non attigeris forum ?	tu n'auras pas mis-le-pied au forum ?
abfueris tamdiu ?	tu auras été-absent si longtemps ?
et, quum veneris	et, quand tu seras *revenu*
longo intervallo,	après un long intervalle,
contendas de dignitate,	tu disputeras pour les honneurs,
cum iis qui habitarunt	avec ceux qui ont habité
in foro ? »	dans le forum ? »
Primum nescis, Servi,	D'abord tu ne-sais-pas, Servius,
quantum fastidii,	combien de dédain,
quantum satietatis,	combien de lassitude,
ista assiduitas nostra	cette assiduité de-notre-part
afferat hominibus	apporte aux hommes
interdum.	quelquefois.
Expediit quidem	Il a servi à la vérité
vehementer mihi,	puissamment à moi,
gratiam	*mon* titre-à-la-faveur
esse positam in oculis ;	être placé sous les **yeux** ;

tam in oculis esse gratiam; sed tamen ego mei satietàtem magno meo labore superavi, et tu idem fortasse : verumtamen utrique nostrum desiderium nihil obfuisset.

22. Sed, ut, hoc omisso, ad studiorum atque artium contentionem revertamur : qui potest dubitari, quin ad consulatum adipiscendum, multo plus afferat dignitatis, rei militaris, quam juris civilis gloria? Vigilas tu de nocte, ut tuis consultoribus respondeas : ille, ut eo, quo intendit, mature cum exercitu perveniat. Te gallorum, illum buccinarum cantus exsuscitat. Tu actionem instituis, ille aciem instruit; tu caves, ne tui consultores; ille ne urbes, aut castra capiantur. Ille tenet, et scit, ut hostium copiæ; tu, ut aquæ pluviæ arceantur : ille exercitatus est in propagandis finibus; tu in regendis : ac nimirum (dicendum est enim quod sentio) rei militaris virtus præstat ceteris omnibus [1].

trât aux yeux de tous; mais pourtant ce n'est qu'à grand'peine que j'ai évité de rendre ma personne importune, et peut-être l'avez-vous éprouvé comme moi; aussi n'aurions-nous rien perdu l'un et l'autre à nous faire un peu désirer.

22. Mais laissons ce sujet et revenons au parallèle des deux professions. Qui peut douter que la gloire des armes ne donne plus de titres à obtenir le consulat que celle du barreau? Vous, vous passez la nuit sans sommeil pour répondre à vos clients; le guerrier, pour atteindre de bonne heure avec son armée la position qu'il veut prendre. Vous vous réveillez au chant du coq; lui, au son des trompettes. Vous disposez les matériaux d'un procès; lui, les rangs d'une armée. Ce sont vos clients que vous cherchez à garantir contre les surprises; lui, ce sont des villes et des camps. Il connaît et sait le moyen de détourner les troupes des ennemis; vous, celui de détourner les eaux pluviales. Il emploie son talent à reculer les bornes de l'empire; vous, à régler celles d'un champ. En un mot (car je dois dire ma pensée tout entière), le mérite militaire l'emporte sur tous les autres.

sed tamen ego superavi	mais toutefois j'ai surmonté
satietatem mei	la lassitude causée-par-moi
magno labore meo,	avec une grande peine pour-moi,
et tu fortasse idem :	et toi peut-être également :
verumtamen	quoi qu'il en soit
desiderium	le désir *de nous* (nous faire désirer)
obfuisset nihil	n'aurait pas nui du tout
utrique nostrum.	à chacun de nous.
22. Sed, hoc omisso,	22. Mais, ce *point* abandonné,
ut revertamur	pour que nous revenions
ad contentionem	à la discussion
studiorum atque artium :	des préférences et des professions :
qui potest dubitari,	comment peut-il être-en-doute,
quin gloria rei militaris	que la gloire du métier des-armes
afferat	n'apporte
multo plus dignitatis	beaucoup plus de titres
ad consulatum	pour le consulat
adipiscendum,	devant être obtenu,
quam juris civilis ?	que *celle* du droit civil ?
Tu vigilas de nocte,	Toi tu veilles pendant la nuit,
ut respondeas	pour que tu répondes
tuis consultoribus :	à tes clients :
ille, ut perveniat	lui, pour qu'il parvienne
mature cum exercitu	de-bonne-heure avec *son* armée
eo, quo intendit.	là, où il se dirige.
Cantus gallorum	Le chant des coqs
exsuscitat te,	réveille toi,
buccinarum illum.	*celui* des trompettes *réveille* lui.
Tu instituis actionem,	Toi tu disposes une action,
ille instruit aciem;	lui range-en-bataille une armée;
tu caves,	toi tu prends-*tes*-mesures,
ne tui consultores capiantur;	pour que tes clients ne soient pas surpris;
ille ne urbes,	lui pour que des villes,
aut castra.	ou des camps ne *le soient* pas.
Ille tenet, et scit,	Lui connaît, et sait,
ut copiæ hostium	comment les troupes des ennemis
arceantur ;	doivent être éloignées ;
tu,	toi, *tu sais*
ut aquæ pluviæ :	comment les eaux pluviales *doivent l'être* :
ille est exercitatus	lui *s*'est exercé
in finibus propagandis ;	pour les bornes devant être reculées ;
tu in regendis :	toi pour *celles* devant être réglées :
ac nimirum	et certainement
(dicendum enim est	(car il faut dire
quod sentio)	ce que je pense)
virtus rei militaris	le talent du métier des armes
præstat omnibus ceteris.	l'emporte sur tous les autres.

X. Hæc nomen populo romano, hæc huic urbi æternam gloriam peperit : hæc orbem terrarum parere huic imperio coegit : omnes urbanæ res, omnia hæc nostra præclara studia, et hæc forensis laus, et industria, latent in tutela, ac præsidio bellicæ virtutis. Simul atque increpuit suspicio tumultus, artes illico nostræ conticescunt.

23. Et, quoniam mihi videris istam scientiam juris tanquam filiolam osculari tuam, non patiar te in tanto errore versari, ut istud nescio quid [1], quod tanto opere didicisti, præclarum aliquid esse arbitrere. Aliis ego te virtutibus, continentiæ, gravitatis, justitiæ, fidei, ceteris omnibus, consulatu, et omni honore semper dignissimum judicavi. Quod quidem jus civile didicisti, non dicam, operam perdidisti : sed illud dicam, nullam esse in illa disciplina munitam ad consulatum viam. Omnes enim artes, quæ nobis populi romani studia con-

X. C'est lui qui a illustré le nom du peuple romain et conquis une gloire éternelle à cette ville ; c'est lui qui a soumis l'univers à notre empire. Tous les intérêts civils, toutes nos brillantes études, la gloire et les succès du barreau, fleurissent sous l'abri protecteur du talent militaire. Au moindre bruit d'alarme, aussitôt nos arts rentrent dans le silence.

23. Mais, puisque vous me semblez choyer cette science du droit à l'égal d'une fille bien-aimée, je ne souffrirai pas que vous restiez dans une aussi grande erreur, que de regarder comme merveilleux ce je ne sais quoi dont l'étude vous a coûté tant de peines. C'est par des vertus différentes, par la modération, la gravité des mœurs, la justice, l'intégrité et toutes les autres qui vous distinguent, que je vous ai toujours jugé digne au plus haut degré du consulat et de tous les honneurs. Quant à l'étude du droit civil, je ne dirai pas que vous avez perdu votre temps ; mais je dirai qu'elle ne pouvait pas vous frayer une route sûre vers le consulat. Tous les talents, en effet, capables de nous concilier la faveur du peuple romain, doivent

X. Hæc
peperit nomen
populo romano,
hæc gloriam æternam
huic urbi :
hæc coegit orbem terrarum
parere huic imperio :
omnes res urbanæ,
omnia hæc studia præclara
nostra,
et hæc laus,
et industria forensis,
latent in tutela,
ac præsidio
virtutis bellicæ.
Simul atque increpuit
suspicio tumultus,
illico
nostræ artes conticescunt.

23. Et, quoniam
videris mihi osculari
istam scientiam juris
tanquam tuam filiolam,
non patiar te versari
in errore tanto,
ut arbitrere
istud nescio quid,
quod didicisti
opere tanto,
esse aliquid præclarum.
Ego judicavi semper te
dignissimum consulatu
et omni honore,
virtutibus continentiæ,
gravitatis, justitiæ, fidei,
omnibus ceteris
Quod quidem didicisti
jus civile,
non dicam,
perdidisti operam :
sed dicam illud,
nullam viam munitam
ad consulatum
esse in illa disciplina.
Omnes enim artes,
quæ conciliant nobis
studia populi romani,

X. *C'est* ce *talent militaire*
qui a fait un nom
au peuple romain,
il a donné une gloire éternelle
à cette ville :
il a contraint le globe des terres
d'obéir à cet empire :
tous les intérêts civils,
toutes ces études brillantes
qui-nous-occupent,
et cette gloire,
et *ces* travaux du-barreau,
s'abritent sous la tutelle,
et la défense
du talent militaire.
Aussitôt qu'a retenti
une crainte d'alarme
à l'instant
nos arts se taisent.

23. Et, puisque
tu parais à moi caresser
cette science du droit
comme ta fille-chérie,
je ne souffrirai pas toi rester
dans une erreur si grande,
que tu t'imagines
ce je ne-sais quoi,
que tu as appris
avec une fatigue si grande,
être quelque chose *de* remarquable.
Moi j'ai jugé toujours toi
très-digne du consulat
et de toute dignité,
par les vertus de modération,
de gravité, de droiture, de *bonne* foi,
et par toutes les autres.
Mais de ce que tu as appris
le droit civil,
je ne dirai pas,
tu as perdu *ta* peine :
mais je dirai ceci,
aucune route ouverte
vers le consulat
n'être dans cette étude.
Car tous les talents,
qui concilient à nous
la faveur du peuple romain,

ciliant, et admirabilem dignitatem et pergratam utilitatem debent habere.

XI. 24. Summa dignitas est in iis, qui militari laude antecellunt : omnia enim, quæ sunt in imperio, et in statu civitatis, ab iis defendi et firmari putantur : summa etiam utilitas : si quidem eorum consilio et periculo, quum republica, tum etiam nostris rebus perfrui possumus. Gravis etiam illa est et plena dignitatis, dicendi facultas, quæ sæpe valuit in consule deligendo, posse consilio atque oratione, et senatus, et populi, et eorum, qui res judicant, mentes permovere. Quæritur consul, qui dicendo nonnunquam comprimat tribunitios furores, qui concitatum populum flectat, qui largitioni resistat. Non mirum, si ob hanc facultatem homines sæpe etiam non nobiles consulatum consecuti sunt ; præsertim quum hæc eadem res plurimas gratias, firmissimas amicitias, maxima studia pariat. Quorum in isto vestro artificio[1], Sulpici, nihil est.

se recommander à la fois par une extraordinaire considération et une précieuse utilité.

XI. 24. Or une haute considération s'attache à ceux qui brillent par la gloire militaire ; on les regarde, en effet, comme le rempart et l'appui de tout ce qui appartient à l'empire, aussi bien que des institutions de Rome. Ils sont en outre d'une extrême utilité ; puisque c'est à l'abri de leur prudence et de leur bravoure que nous pouvons jouir de nos droits comme de nos biens. C'est encore un titre important et plein d'éclat, et qui a souvent eu de l'influence sur le choix des consuls, que ce talent de la parole, ce don de pouvoir par la raison et par l'éloquence émouvoir les esprits du sénat, du peuple et de ceux qui rendent la justice. On a besoin d'un consul dont la voix sache étouffer quelquefois les clameurs des tribuns, apaiser les mouvements du peuple, s'opposer aux efforts de l'intrigue. Il n'est pas étonnant qu'un semblable mérite ait porté souvent au consulat des hommes même sans naissance ; surtout lorsqu'il donne le moyen de se faire de nombreux clients, des amis fidèles, de puissants protecteurs. Votre profession, Sulpicius, n'offre aucun de ces avantages.

debent habere et dignitatem admirabilem	doivent avoir et une considération éclatante
et utilitatem pergratam.	et une utilité très-agréable.
XI. 24. Dignitas summa est in iis qui antecellunt laude militari :	XI. 24. La considération la plus haute est dans ceux qui l'emportent par la gloire militaire :
omnia enim	car tout
quæ sunt in imperio,	ce qui est dans l'empire,
et in statu civitatis,	et dans l'intérieur de la ville,
putantur defendi	passe-pour être défendu
et firmari ab iis :	et affermi par eux :
utilitas summa	une utilité très-grande
etiam :	*est* aussi *en eux :*
si quidem possumus perfrui	puisque nous pouvons jouir
consilio et periculo eorum,	par la prudence et le danger d'eux,
quum republica,	tant de la république,
tum nostris rebus etiam.	que de nos biens aussi.
Illa facultas dicendi,	Ce talent de parler,
quæ sæpe valuit	qui souvent eut-de-la-force
in consule deligendo,	pour un consul devant être élu,
posse permovere	*ce talent* de pouvoir entraîner
consilio atque oratione mentes	par la raison et le discours (l'éloquence) les esprits
et senatus, et populi,	et du sénat, et du peuple,
et eorum qui judicant res,	et de ceux qui jugent les affaires,
est etiam gravis	est aussi important
et plena dignitatis.	et plein d'autorité.
Consul quæritur,	Un consul est cherché,
qui comprimat	qui comprime
nonnunquam dicendo	quelquefois en parlant
furores tribunitios,	les fureurs tribunitiennes,
qui flectat	qui apaise
populum concitatum,	le peuple soulevé,
qui resistat largitioni.	qui résiste à la corruption.
Non mirum,	*Il n'est* pas étonnant,
si sæpe homines	si souvent des hommes
etiam non nobiles	même non nobles
consecuti sunt consulatum	ont obtenu le consulat
ob hanc facultatem ;	à cause de cette faculté ;
quum præsertim	lorsque surtout
hæc eadem res pariat	ce même moyen produit
gratias plurimas,	une popularité étendue,
amicitias firmissimas,	des amitiés très-solides,
studia maxima.	des appuis très-grands.
Quorum, Sulpici,	De ces *avantages*, Sulpicius,
nihil est in isto artificio vestro.	aucun ne se trouve dans cette profession à-vous *jurisconsultes.*

25. Primum, dignitas in tam tenui scientia quæ potest esse ?
res enim sunt parvæ, prope in singulis litteris atque interpunctionibus verborum occupatæ. Deinde, etiam si quid apud
majores nostros fuit in isto studio admirationis, id, enuntiatis
vestris mysteriis, totum est contemptum et abjectum. Posset
agi lege, necne, pauci quondam sciebant. Fastos enim vulgo
non habebant. Erant in magna potentia qui consulebantur : a
quibus etiam dies, tanquam a Chaldæis , petebantur. Inventus est scriba quidam, Cn. Flavius, qui cornicum oculos confixerit[1], et singulis diebus ediscendos fastos populo proposuerit,
et ab ipsis cautis jurisconsultis eorum sapientiam compilarit.
Itaque irati illi, quod sunt veriti, ne, dierum ratione pervulgata et cognita, sine sua opera lege posset agi, notas
quasdam composuerunt, ut omnibus in rebus ipsi interessent.

25. D'abord quel titre peut fournir une science aussi frivole? une
science dont les recherches minutieuses ne s'attachent, pour ainsi
dire, qu'à des distinctions de lettres ou des ponctuations de mots.
Ensuite, si cette sorte d'étude a joui de quelque considération chez
nos aïeux, depuis la révélation de vos mystères, elle est tombée
dans un discrédit et un dédain complets. Peu de gens savaient autrefois si l'on pouvait ou non se présenter en justice. Car les fastes
n'étaient pas rendus publics. Les jurisconsultes étaient en grand
crédit, on les interrogeait sur les jours comme les Chaldéens. Il se
trouva un greffier, nommé Cn. Flavius, qui trompa plus rusé que
lui, et, mettant à la portée du public le tableau complet des jours
fastes, déroba aux subtils jurisconsultes eux-mêmes toute leur
science. Alors ceux-ci furieux, dans la crainte que, par la publication et la connaissance de ces tables, on ne pût intenter une action
sans eux, imaginèrent certaines formules, pour rendre leur inter-
vention indispensable dans toutes les affaires.

25. Primum,
quæ dignitas potest esse
in scientia tam tenui?
Res enim sunt parvæ,
occupatæ prope
in singulis litteris
atque interpunctionibus
verborum.
Deinde, etiam si fuit
quid admirationis
apud nostros majores
in isto studio,
id,
vestris mysteriis enuntiatis,
est totum
contemptum et abjectum.
Pauci sciebant quondam
posset agi lege,
nec ne.
Non enim habebant
fastos vulgo.
Qui consulebantur
erant in magna potentia :
a quibus dies etiam
petebantur,
tanquam a Chaldæis.
Quidam scriba,
Cn. Flavius,
est inventus,
qui confixerit
oculos cornicum,
et proposuerit populo
fastos singulis diebus
ediscendos,
et compilarit
a jurisconsultis cautis
ipsi sapientiam eorum.
Itaque illi irati,
quod veriti sunt,
ne, ratione dierum
pervulgata et cognita,
posset agi lege
sine sua opera,
composuerunt
quasdam notas,
ut ipsi interessent
in omnibus rebus.

25. D'abord,
quel éclat peut être
dans une science si futile?
Car *ses* objets sont sans-grandeur,
consistant à peu près
dans *la discussion de* chaque lettre
et *des* signes-de-ponctuation
des mots.
Ensuite, quoiqu'il y ait eu
un peu d'estime
chez nos ancêtres
envers une-pareille étude,
cette *étude,*
vos mystères étant révélés,
est tout-entière
méprisée et abandonnée.
Peu de *gens* savaient autrefois
s'il pouvait être agi en-justice,
ou non.
Car ils n'avaient pas
les fastes *communiqués* au public.
Ceux qui étaient consultés
étaient en grand pouvoir :
à eux les jours même
étaient demandés,
comme aux Chaldéens.
Un certain greffier
Cn. Flavius,
se trouva,
qui creva
les yeux des corneilles,
et exposa-devant le peuple
les fastes pour chaque jour
à-apprendre,
et déroba
aux jurisconsultes subtils
eux-mêmes la science d'eux.
C'est pourquoi ceux-ci irrités,
parce qu'ils craignirent,
que, le tableau des jours
étant publié et connu,
il ne pût être agi en justice
sans leur ministère,
composèrent
certaines formules,
pour qu'eux-mêmes intervinssent
dans toutes les affaires.

XII. 26. Quum hoc fieri bellissime posset : « Fundus Sabinus meus est. — Immo meus. » Deinde judicium : noluerunt.
FUNDUS, inquit, QUI EST IN AGRO, QUI SABINUS VOCATUR. Satis
verbose : cedo, quid postea? EUM EGO EX JURE QUIRITUM MEUM
ESSE AIO. Quid tum? INDE EGO TE EX JURE MANU CONSERTUM
voco [1]. Quid huic tam loquaciter litigioso responderet ille,
unde petebatur, non habebat. Transit idem jurisconsultus,
tibicinis latini modo [2] : UNDE TU ME, inquit, EX JURE MANU
CONSERTUM VOCASTI, INDE IBI EGO TE REVOCO. Prætor interea
ne pulchrum se ac beatum putaret, atque aliquid ipse sua
sponte loqueretur, ei quoque carmen [3] compositum est, quum
ceteris rebus absurdum, tum vero in illo : SUIS UTRISQUE SU-
PERSTITIBUS [4], PRÆSENTIBUS, ISTAM VIAM DICO : INITE VIAM.

XII. 26. On aurait pu très-bien procéder ainsi : LA TERRE DU
PAYS DES SABINS EST A MOI : NON, C'EST LA MIENNE; et ensuite
juger; ils ne l'ont pas voulu. LA TERRE, disent-ils, QUI EST DANS
LE PAYS QU'ON APPELLE PAYS DES SABINS. Voilà déjà bien assez
de mots; voyons la suite: MOI, JE PRÉTENDS QUE, PAR LE DROIT
QUIRITAIRE, ELLE M'APPARTIENT. Et après : JE VOUS APPELLE
DONC DU TRIBUNAL DU PRÉTEUR SUR LE LIEU MÊME, POUR DÉ-
BATTRE NOTRE DROIT. L'adversaire ne savait que répondre sur le
point attaqué, à ce long bavardage du plaideur. Le même jurisconsulte passe alors de son côté, à la manière des joueurs de flûte latins : MOI, dit-il, JE VOUS APPELLE A MON TOUR DU TRIBUNAL
DU PRÉTEUR, POUR DÉBATTRE NOTRE DROIT, SUR LE CHAMP OÙ
VOUS M'AVEZ APPELÉ. Après quoi, dans la crainte que le préteur
ne fût trop content de lui-même et ne voulût faire de son chef quelque réponse, on lui a composé aussi une formule, absurde en beaucoup de choses, et particulièrement en ceci : DEVANT VOS TÉMOINS
A CHACUN ICI PRÉSENTS, JE VOUS INDIQUE CE CHEMIN : PRENEZ-

XII. 26. Quum hoc
posset fieri bellissime :
« Fundus Sabinus
est meus.
— Immo meus. »
Deinde judicium :
noluerunt.
FUNDUS, inquit,
QUI EST IN AGRO,
QUI VOCATUR SABINUS,
Satis verbose :
cedo, quid postea ?
EGO AIO EUM ESSE MEUM
EX JURE QUIRITUM.
Quid tum ?
EGO VOCO
INDE EX JURE
TE CONSERTUM MANU.
Ille non habebat
quid responderet
unde petebatur
huic litigioso
tam loquaciter.
Idem jurisconsultus
transit,
modo tibicinis latini :
UNDE, inquit,
TU VOCASTI EX JURE
ME CONSERTUM MANU,
INDE
EGO REVOCO TE IBI.
Interea ne prætor
putaret se
pulchrum ac beatum,
atque loqueretur aliquid
ipse sua sponte,
carmen est compositum
quoque ei,
absurdum
quum ceteris rebus,
tum vero in illo :
SUIS SUPERSTITIBUS
PRÆSENTIBUS
UTRISQUE,
DICO ISTAM VIAM :
INITE VIAM.
Ille sapiens,

XII. 26. Lorsque ceci
pouvait se faire très-bien :
« Le fonds-de-terre sabin
est à-moi.
— Non, il est à-moi. »
Ensuite le jugement se prononcer :
ils n'ont-pas-voulu.
LE FONDS-DE-TERRE, dit-on,
QUI EST DANS LE PAYS,
QUI EST APPELÉ SABIN.
C'est assez verbeux :
voyons, quoi ensuite ?
MOI JE DIS LUI ÊTRE MIEN
PAR LE DROIT QUIRITAIRE.
Et alors ?
MOI J'APPELLE
D'ICI, DU TRIBUNAL,
TOI PRIS PAR LA MAIN.
Celui-ci n'avait pas (ne savait)
ce qu'il répondrait (que répondre)
d'où il était attaqué (à l'attaque)
à (de) cet homme faisant-un-procès
si verbeusement.
Le même jurisconsulte
passe de son côté,
à la façon du joueur-de-flûte latin :
D'où, dit-il,
TU AS APPELÉ DU TRIBUNAL
MOI PRIS PAR LA MAIN,
DE LA
MOI JE RAPPELLE TOI ICI.
Cependant de peur que le préteur
ne crût soi
habile et heureux
et ne dît quelque chose
lui-même de son propre-mouvement,
une sentence fut composée
aussi pour lui,
sentence absurde
et en d'autres choses,
mais particulièrement en ceci :
SES TÉMOINS
étant PRÉSENTS
A CHACUN,
J'INDIQUE CE CHEMIN :
ENTREZ-Y.
Ce savant,

Præsto aderat sapiens ille, qui inire viam doceret. Redite
viam. Eodem duce redibant. Hæc jam tum apud illos barbatos
ridicula, credo, videbantur : homines, quum recte, atque in
loco constitissent, juberi abire; ut, unde abiissent, eodem
statim redirent. Iisdem ineptiis fucata sunt illa omnia, Quando
te in jure conspicio : et hæc, Sed anne tu dicis causa vindicaveris? Quæ dum erant occulta, necessario ab eis, qui ea
tenebant, petebantur : postea vero pervulgata, atque in manibus jactata et excussa, inanissima prudentiæ reperta sunt,
fraudis autem et stultitiæ plenissima.

27. Nam quum permulta præclare legibus essent constituta,
ea jurisconsultorum ingeniis pleraque corrupta ac depravata
sunt. Mulieres omnes[1], propter infirmitatem consilii, majores
in tutorum potestate esse voluerunt : hi invenerunt genera
tutorum, quæ potestate mulierum continerentur. Sacra inter-

LE. Notre savant était là qui leur montrait la route. Revenez, disait le préteur, et ils revenaient derrière le même guide. C'était,
déjà dès cette époque, une chose bien ridicule, je crois, pour nos
vieux Romains, que d'ordonner à des hommes de quitter la place
où ils devaient être, pour y revenir aussitôt après en être sortis.
Les mêmes inepties remplissent toutes ces autres formules : Puisque je vous aperçois devant le tribunal; et celle-ci : Mais
ne revendiquez-vous pas pour la forme? Tant qu'elles furent
un mystère, il fallait nécessairement les demander à ceux qui y
étaient initiés : mais, lorsqu'après leur publication, elles furent employées et examinées par tout le monde, on les trouva complétement
vides de sens et pleines de sottises et de mauvaise foi.

27. Une foule, en effet, de sages dispositions établies par les lois
ont été corrompues et défigurées, la plupart, par les subtilités des
jurisconsultes. Nos ancêtres voulurent que toutes les femmes, à
cause de la faiblesse de leur jugement, fussent en puissance de tuteurs; les jurisconsultes imaginèrent une espèce de tuteurs qui se
trouvassent sous la dépendance des femmes. Les premiers ne voulu-

qui doceret inire viam,
aderat præsto.
REDITE VIAM.
Redibant eodem duce.
Hæc videbantur, credo,
ridicula jam tum
apud illos barbatos :
homines,
quum constitissent
recte, atque in loco,
juberi abire;
ut redirent statim
eodem unde abiissent.
Omnia illa sunt fucata
iisdem ineptiis,
QUANDO CONSPICIO TE
IN JURE :
et hæc,
SED ANNE
TU VINDICAVERIS
DICIS CAUSA?
Dum quæ erant occulta,
petebantur necessario
ab eis, qui tenebant ea:
vero pervulgata postea,
atque jactata
in manibus et excussa,
sunt reperta
inanissima prudentiæ,
plenissima autem
fraudis et stultitiæ.
    27. Nam quum permulta
essent constituta
præclare legibus,
pleraque ea sunt
corrupta ac depravata
ingeniis jurisconsultorum.
Majores voluerunt
omnes mulieres
esse in potestate tutorum,
propter infirmitatem
consilii :
hi invenerunt
genera tutorum,
quæ continerentur
potestate mulierum.
Illi noluerunt

qui devait montrer le chemin,
se trouvait là.
REVENEZ, *disait le préteur.*
Ils revenaient avec le même guide.
Ces *formalités* paraissaient, je crois,
ridicules déjà alors
chez ces *Romains* barbus :
des hommes,
lorsqu'ils s'étaient arrêtés
à-propos, et dans le lieu *désigné,*
recevoir-l'ordre de s'en-aller;
pour revenir aussitôt
à l'endroit d'où ils étaient partis.
Toutes ces *formules* sont empreintes
des mêmes inepties,
PUISQUE J'APERÇOIS TOI
DANS LE TRIBUNAL :
et celle-ci,
MAIS EST-CE QUE
TU AS REVENDIQUÉ
POUR LA FORME?
Pendant qu'elles étaient cachées,
elles étaient demandées forcément
à ceux, qui possédaient elles:
mais publiées ensuite,
et retournées
dans les mains et examinées,
elles furent trouvées
très-vides de sagesse,
mais très-pleines
de fraude et de sottise.
    27. Car lorsque beaucoup de *règlements*
avaient été établis
sagement par les lois,
la plupart d'eux ont été
corrompus et défigurés
par les subtilités des jurisconsultes.
Nos ancêtres voulurent
toutes les femmes
être en puissance de tuteurs,
à cause de la faiblesse
de *leur* jugement;
ceux-ci imaginèrent
des espèces de tuteurs,
qui étaient assujettis
à la puissance des femmes.
Ils (les ancêtres) ne-voulurent-pas

ire illi noluerunt : horum ingenio senes ad coemptiones faciendas [1], interimendorum sacrorum causa, reperti sunt. In
omni denique jure civili æquitatem reliquerunt, verba ipsa
tenuerunt : ut, quia in alicujus libris, exempli causa, id nomen invenerant, putarunt, omnes mulieres, quæ coemptionem facerent, *Caias* [2] vocari. Jam illud mihi quidem mirum
videri solet, tot homines, tam ingeniosos, per tot annos etiam
nunc statuere non potuisse [3], utrum diem tertium, an perendinum : judicem, an arbitrum : rem, an litem dici oporteret.

XIII. 28. Itaque (ut dixi) dignitas in ista scientia consularis nunquam fuit [4], quæ tota ex rebus fictis, commentitiisque
constaret : gratiæ vero multo etiam minores. Quod enim omnibus patet, et æque promptum est mihi, et adversario meo,
id esse gratum nullo pacto potest. Itaque non modo beneficii

rent pas que les sacrifices s'éteignissent dans les familles ; grâce au
génie des seconds on trouva des vieillards pour faire des mariages
par coemption, qui devaient abolir les sacrifices. En un mot, dans
le droit civil tout entier, ils ont laissé de côté l'équité, pour ne conserver que les mots ; c'est ainsi que pour avoir trouvé ce nom, comme
exemple, dans un livre de droit, ils se sont imaginé, que le mariage par coemption, donnait à toutes les femmes le nom de *Caia*.
Ce qui me semble toujours étonnant, c'est que tant d'hommes ingénieux n'aient pu décider encore, depuis tant d'années, s'il fallait
dire le troisième jour ou le surlendemain, le juge ou l'arbitre, l'affaire ou le procès.

XIII. 28. Aussi, je le répète, une pareille science, consistant tout
entière dans des fictions et des subtilités mensongères, n'a jamais
donné de titre au consulat, et encore moins assuré de crédit. Ce qui
est, en effet, à la portée de tout le monde, et peut servir également
à mon adversaire et à moi, ne saurait en aucune façon être agréable
à personne. Vous n'avez donc pas perdu seulement l'espoir de faire

sacra interire :
senes sunt reperti,
ingenio horum,
ad coemptiones faciendas,
causa sacrorum
interimendorum.
Denique
in omni jure civili
reliquerunt æquitatem,
tenuerunt verba ipsa :
ut, quia invenerant
in libris alicujus,
id nomen, causa exempli,
putarunt,
omnes mulieres,
quæ facerent coemptionem,
vocari *Caias*.
Jam quidem illud solet
videri mihi mirum,
tot homines,   ·
tam ingeniosos,
non potuisse etiam nunc
per tot annos,
statuere, utrum
oporteret dici,
tertium diem,
an perendinum :
judicem, an arbitrum :
rem, an litem.
  XIII. 28. Itaque (ut dixi)
dignitas consularis
fuit nunquam
in ista scientia
quæ constaret tota
ex rebus fictis,
commentitiisque :
gratiæ vero
multo minores etiam.
Quod enim patet omnibus,
et est æque promptum
mihi, et meo adversario,
id potest nullo pacto
esse gratum.
Itaque
jam perdidistis
non modo spem
beneficii collocandi,

les sacrifices s'éteindre :
des vieillards furent trouvés,
par l'habileté de ceux-ci,
pour des coemptions devant être faites,
dans le but des sacrifices
devant être éteints.
Enfin
dans tout le droit civil
ils laissèrent-de-côté l'équité,
ils conservèrent les mots mêmes :
ainsi, parce qu'ils avaient trouvé
dans les livres d'un *auteur*,
ce nom, pour exemple,
ils pensèrent
toutes les femmes,
qui faisaient une coemption
être appelées « Caia ».
En outre cela a-coutume
de paraître à moi étonnant,
tant d'hommes,
si ingénieux,
n'avoir pu jusqu'à présent
après tant d'années,
décider, lequel des deux
il fallait être dit,
troisième jour,
ou surlendemain :
juge, ou arbitre :
affaire, ou procès.
  XIII. 28. Aussi (comme je *l'ai dit*)
la dignité consulaire
ne fut jamais
dans cette science,
qui consistait tout-entière
en choses feintes (fictions),
et en mensonges :
d'un autre côté un crédit
bien moindre encore *s'y attache*.
Car ce qui est-connu de tous,
et est également sous-la-main
à moi, et à mon adversaire,
cela ne peut en aucune façon
être agréable.
C'est pourquoi
maintenant vous avez perdu
non-seulement l'espoir
d'un bienfait à-placer,

collocandi spem, sed etiam illud, quod aliquando fuit, Licet
consulere [1], jam perdidistis. Sapiens existimari nemo potest
in ea prudentia, quæ neque extra Romam usquam, neque
Romæ, rebus prolatis, quidquam valet : peritus ideo haberi
nemo potest, quod in eo, quod sciunt omnes, nullo modo possunt inter se discrepare. Difficilis autem res ideo non putatur,
quod et perpaucis et minime obscuris litteris continetur. Itaque, si mihi, homini vehementer occupato, stomachum mo-
veritis, triduo me jurisconsultum esse profitebor. Etenim quæ
de scripto aguntur, scripta sunt omnia; neque tamen quidquam tam anguste scriptum est, quo ego non possim, Qua de
re agitur, addere. Quæ consuluntur autem, minimo periculo
respondentur. Si id, quod oportet, responderis, idem videare
respondisse, quod Servius : sin aliter; etiam controversum jus
nosse, et tractare videare.

acheter vos services, mais encore l'importance, autrefois considé-
rable de cette formule : Vous pouvez consulter. On ne saurait
accorder aucune estime à la supériorité dans une science qui ne
peut servir à rien ni dans Rome, ni hors des murs, les jours de
fête; personne ne peut donc y être regardé comme habile, puisque, dans un art que tout le monde sait, il n'y a pas de distinction
possible; or on ne suppose pas difficiles des connaissances contenues
dans un très-petit nombre d'ouvrages fort simples. Aussi, pour peu
que vous me poussiez, malgré mes nombreuses occupations, dans
trois jours je me déclarerai jurisconsulte. En effet, tout ce qui se
règle par des formules est écrit, et d'ailleurs aucune d'elles n'est
tellement concise, que je n'y puisse ajouter les mots : Ce dont
il s'agit. Quant aux consultations, les réponses se font sans le
moindre danger. Si elles se rencontrent justes, on passe pour avoir
répondu comme l'aurait fait Servius ; sinon, l'on paraît connaître
et pratiquer le droit contentieux.

sed etiam illud,	mais encore cette *ressource*
quod fuit aliquando,	qui exista autrefois,
LICET CONSULERE.	IL EST-PERMIS DE CONSULTER.
Nemo potest	Personne ne peut
existimari sapiens	être estimé habile
in ea prudentia,	dans cette science,
quæ valet quidquam,	qui ne peut rien,
neque usquam	ni nulle part
extra Romam,	hors de Rome,
neque Romæ,	ni à Rome,
rebus prolatis :	les affaires étant suspendues :
ideo nemo potest	en conséquence personne ne peut
haberi peritus,	passer-pour habile,
quod possunt	parce que *les hommes* ne peuvent
nullo modo	en aucune façon
discrepare inter se,	n'être-pas-d'accord entre eux,
in eo, quod omnes sciunt.	sur ce que tous savent.
Res autem	Or une science
non putatur difficilis	n'est pas réputée difficile
ideo, quod continetur	parce qu'elle est renfermée
litteris et perpaucis	dans des livres et très-peu-nombreux
et minime obscuris.	et pas du tout obscurs.
Itaque, si moveritis	C'est pourquoi, si vous remuez
stomachum mihi,	la bile à moi,
homini occupato	homme occupé
vehementer,	au-dernier-point,
triduo profitebor	en-trois-jours je proclamerai
me esse jurisconsultum.	moi être jurisconsulte.
Etenim quæ aguntur	En effet ce qui se traite
de scripto,	d'après des *formules* écrites,
sunt omnia scripta;	est tout-entier écrit ;
neque tamen quidquam	et d'ailleurs rien
est scriptum tam anguste,	n'est écrit d'une-manière-si-précise,
quo ego non possim addere,	que moi je ne puisse ajouter,
DE RE QUA AGITUR.	LA CHOSE DONT IL S'AGIT.
Quæ autem	Quant aux *affaires* sur lesquelles
consuluntur,	on est consulté
respondentur	il sera répondu
minimo periculo.	sans le moindre embarras.
Si responderis	Si tu as répondu
id, quod oportet,	ce qu'il faut,
videare respondisse	tu paraîtras avoir répondu
idem, quod Servius :	la même chose que Servius :
sin aliter ;	sinon ;
videare	tu paraîtras
nosse, et tractare	connaître, et pratiquer
etiam jus controversum.	même le droit contentieux.

29. Quapropter non solum illa gloria militaris vestris for-
mulis atque actionibus anteponenda est, verum etiam dicendi
consuetudo longe et multum isti vestræ exercitationi ad honorem antecellet. Itaque mihi videntur plerique initio multo hoc
maluisse : post, quum id assequi non potuissent, istuc potissimum sunt delapsi. Ut aiunt in græcis artificibus, eos au-
lœdos esse, qui citharœdi fieri non potuerint : sic nonnullos
videmus, qui oratores evadere non potuerunt, eos ad juris
studium devenire. Magnus dicendi labor, magna res, magna
dignitas, summa autem gratia. Etenim a vobis salubritas quædam ; ab iis qui dicunt, salus¹ ipsa petitur. Deinde vestra
responsa atque decreta, et evertuntur sæpe dicendo, et sine
defensione oratoris firma esse non possunt : in qua re si satis

29. Ainsi donc non-seulement la gloire militaire est au-dessus de
votre science de formules et de procédures, mais l'éloquence aussi
donnera toujours plus de titre aux honneurs que cette étude qui vous
occupe. Je crois par conséquent que plusieurs ont commencé par la
préférer; mais qu'ensuite, impuissants à y atteindre, ils se sont reje-
tés sur le droit. De même que, parmi les artistes grecs, ce sont ceux qui
n'ont pu devenir citharèdes, qui se font joueurs de flûte ; ainsi nous
voyons bien des gens, incapables de faire des orateurs, en arriver à
l'étude de la jurisprudence. L'éloquence exige de pénibles efforts,
c'est un art difficile, mais qui donne la gloire et le crédit le plus
puissant. On ne vous demande en effet, à vous, pour ainsi dire, qu'un
régime salutaire ; tandis que c'est la vie que l'on attend de l'orateur.
D'un autre côté, vos réponses et vos décrets sont souvent détruits par
sa parole, et ne peuvent s'appuyer que sur elle. Si je m'étais plus
distingué dans cet art, je ferais son éloge avec plus de réserve ; ce

29. Quapropter	29. Ainsi donc
non solum	non-seulement
illa gloria militaris	cette gloire militaire
est anteponenda	est à-préférer
vestris formulis	à vos formules
atque actionibus,	et à *vos* actions,
verum etiam	mais encore
consuetudo dicendi	l'habitude de parler
antecellet ad honorem	sera-supérieure pour les honneurs
longe et multum	bien plus et de beaucoup
isti exercitationi vestræ.	à cet exercice qui-vous-occupe.
Itaque plerique	C'est pourquoi plusieurs
videntur mihi maluisse hoc	paraissent à moi avoir préféré cet *art*
multo initio :	beaucoup au commencement :
post,	ensuite,
quum non potuissent	comme ils n'avaient pas pu
assequi id,	atteindre lui,
delapsi sunt istuc	ils sont descendus à cet *autre*
potissimum.	de-préférence.
Ut aiunt	Comme l'on dit
in artificibus græcis,	parmi les artistes grecs,
eos esse aulædos,	ceux-là être joueurs-de-flûte,
qui non potuerint	qui n'ont pas pu
fieri citharœdi :	devenir citharèdes :
sic videmus nonnullos,	ainsi nous voyons quelques *hommes*,
qui non potuerunt	qui n'ont pas pu
evadere oratores,	devenir orateurs,
eos devenire	ceux-là recourir
ad studium juris.	à l'étude du droit.
Labor dicendi	La pratique de parler (de l'éloquence)
magnus,	*est* grave,
res magna,	*c'est* une chose difficile,
dignitas magna,	la gloire *qu'elle obtient est* grande,
gratia autem summa.	et le crédit extrême.
Etenim	En effet
quædam salubritas	une sorte de régime-salutaire
petitur a vobis ;	est demandé à vous;
salus ipsa,	le salut lui-même *est demandé*
ab iis qui dicunt.	à ceux qui sont-orateurs.
Deinde vestra responsa	Ensuite vos réponses
atque decreta,	et *vos* arrêts,
et evertuntur sæpe	et sont renversés souvent
dicendo,	par la parole,
et non possunt esse firma	et ne peuvent être solides
sine defensione oratoris :	sans l'appui de l'orateur.
in qua re	quant à cet art,
si profecissem satis,	si j'y avais réussi suffisamment,

profecissem[1], parcius de ejus laude dicerem : nunc nihil de me
dico, sed de iis, qui in dicendo magni sunt, aut fuerunt.

XIV. 30. Duæ sunt artes, quæ possunt locare homines in
amplissimo gradu dignitatis : una imperatoris, altera oratoris
boni : ab hoc enim pacis ornamenta retinentur ; ab illo belli
pericula repelluntur. Ceteræ tamen virtutes ipsæ per se multum valent, justitia, fides, pudor, temperantia ; quibus te,
Servi, excellere omnes intelligunt : sed nunc de studiis ad
honorem dispositis, non de insita cujusque virtute disputo.
Omnia ista nobis studia de manibus excutiuntur, simul atque
aliquis motus novus bellicum canere cœpit. Etenim, ut ait
ingeniosus poeta[2], et auctor valde bonus, præliis promulgatis,
Pellitur e medio, non solum ista vestra verbosa simulatio prudentiæ, sed etiam ipsa illa domina rerum, *sapientia : vi geritur*

n'est donc pas de moi que je parle en ce moment, mais des grands
orateurs de notre temps ou des siècles passés.

XIV. 30. Deux arts différents peuvent élever les hommes au plus
haut degré de considération : celui du grand général et celui du grand
orateur. L'un garantit les avantages de la paix, l'autre écarte les périls de la guerre. D'autres genres de mérite néanmoins ont aussi
par eux-mêmes beaucoup de prix ; tels que la justice, la bonne foi,
la pudeur, la tempérance, dont tout le monde reconnaît, Servius,
que vous offrez le modèle ; mais je discute maintenant sur les titres
qui peuvent conduire aux honneurs, et non sur les qualités dont chacun est doué personnellement. Tous nos livres nous tombent des
mains au premier mouvement qui nous annonce la guerre. En effet,
comme le dit un poëte ingénieux et plein de sens, dès que la guerre
est déclarée, *On voit disparaître* non-seulement cette apparence de sagesse, qui ne consiste qu'en paroles, mais encore la souveraine du
monde, *la sagesse ; c'est la force qui décide de tout ; l'orateur n'est plus*

dicerem parcius | je parlerais avec-plus de-réserve
de laude ejus : | de la gloire de lui :
nunc dico nihil de me, | ici je ne dis rien de moi,
sed de iis | mais de ceux
qui sunt, aut fuerunt | qui sont, ou qui ont été
magni in dicendo. | grands par la parole.

XIV.30.Duæ artes sunt, | XIV. 30. Deux professions existent,
quæ possunt locare | qui peuvent placer
homines | les hommes
in gradu amplissimo | dans le rang le plus élevé
dignitatis : | de considération :
una imperatoris, | l'une *celle* du général,
altera boni oratoris : | l'autre *celle* du bon orateur :
ornamenta enim pacis | car les avantages de la paix
retinentur ab hoc ; | sont maintenus par le premier ;
pericula belli | les périls de la guerre
repelluntur ab illo. | sont repoussés par le second.
Ceteræ tamen virtutes | D'autres mérites néanmoins
valent ipsæ | se recommandent aussi
multum per se, | beaucoup par eux-mêmes,
justitia, fides, | la justice, la *bonne* foi,
pudor, temperantia ; | la pudeur, la tempérance ;
quibus omnes, Servi, | *mérites* par lesquels tous, Servius,
intelligunt te excellere : | reconnaissent toi exceller :
sed nunc | mais en ce moment
disputo de studiis | je discute sur les talents
dispositis ad honorem, | faits-pour-mener aux honneurs,
non de virtute insita | non sur le mérite naturel
cujusque. | de chacun.
Omnia ista studia | Tous ces travaux
excutiuntur nobis | tombent à nous
de manibus, | des mains,
simul atque | aussitôt que
aliquis motus novus | quelque mouvement nouveau
cœpit canere bellicum. | a commencé à faire-sonner la charge.
Etenim, ut ait | En effet, comme dit
poeta ingeniosus, | un poëte ingénieux,
et auctor valde bonus, | et auteur très-bon,
præliis promulgatis, | la guerre étant promulguée,
non solum | non-seulement
ista simulatio verbosa | cette apparence verbeuse
vestra prudentiæ, | que-vous-avez de sagesse,
Pellitur et medio, | « Est repoussée bien loin »
sed etiam | mais encore
illa domina ipsa rerum, | la souveraine elle-même des choses,
sapientia : | « la sagesse :
res geritur vi. | la question se décide par la force :

res : spernitur orator, non solum odiosus in dicendo, ac loquax, verum etiam *bonus : horridus miles amatur :* vestrum vero studium totum jacet.*Non ex jure manu consertum, sed mage ferro,* inquit, *rem repetunt.* Quod si ita est, cedat, opinor, Sulpici, forum castris, otium militiæ, stilus gladio, umbra soli : sit denique in civitate ea prima res, propter quam ipsa est civitas omnium princeps.

31. Verum hæc Cato[1] nimium nos nostris verbis magna facere demonstrat; et oblitos esse, bellum illud omne Mithridaticum cum mulierculis esse gestum. Quod ego longe secus existimo, judices; deque eo pauca disseram : neque enim causa in hoc continetur. Nam si omnia bella, quæ cum Græcis gessimus, contemnenda sunt; derideatur de rege Pyrrho triumphus M. Curii : de Philippo, T. Flaminini : de Ætolis, M. Fulvii : de rege Perse, L. Paulli : de Pseudo-Philippo,

rien, je ne dis pas seulement l'orateur fatigant et bavard, mais celui même *qui a de l'éloquence; c'est le farouche soldat qu'on aime;* quant à votre savoir, il devient inutile : *Ce n'est pas devant le préteur, et au moyen de formules, mais le fer à la main,* dit-il, *que l'on demande justice.* S'il en est ainsi, je crois, Sulpicius, qu'il faut que le forum le cède aux camps, la paix à la guerre, la plume à l'épée, l'ombre au soleil; que le premier rang enfin dans Rome appartienne à cet art, par qui Rome elle-même est la première dans les nations.

31. Mais Caton semble dire que nous exagérons l'importance du guerrier, et que nous oublions d'ailleurs que toute cette guerre de Mithridate a été faite contre des femmes. Je suis loin de penser ainsi, juges, et je ne m'en expliquerai qu'en peu de mots, car ce n'est pas là l'objet de la cause. Si toutes les guerres, que nous avons soutenues contre les Grecs, ne méritent que le mépris, il faut tourner en ridicule le triomphe de M. Curius sur le roi Pyrrhus ; celui de T. Flamininus sur Philippe; de M. Fulvius sur les Étoliens ; de L. Paulus

orator spernitur, · l'orateur est dédaigné, »
non solum non-seulement
odiosus in dicendo, *celui qui est* fastidieux à entendre ,
ac loquax, et bavard ,
verum etiam *bonus :* mais encore « le bon :
miles horridus amatur : le soldat farouche est aimé : »
vestrum vero studium mais votre savoir
jacet totum. tombe-dans-l'oubli tout-entier.
Repetunt rem, inquit, « On réclame *son* droit, dit-il,
non ex jure non devant un tribunal
consertum manu, *et* traîné par la main ,
sed mage ferro. mais de-préférence avec le fer. »
Si quod est ita, Si cela est ainsi ,
forum, opinor, Sulpici , que le forum , je pense , Sulpicius ,
cedat castris, *le* cède aux camps,
otium militiæ, la paix à la guerre ,
stilus gladio, la plume à l'épée ,
umbra soli : l'ombre au soleil :
ea res denique que cet art enfin
sit prima in civitate , soit le premier dans la ville ,
propter quam par l'effet duquel
civitas ipsa la ville elle-même
est princeps omnium. est la première de toutes.
  31. Verum Cato   31. Mais Caton
demonstrat démontre
nos facere hæc moi faire ces *services*
nimium magna trop grands
nostris verbis ; par mes paroles ;
et oblitos esse, et avoir oublié ,
omne illud bellum toute cette guerre
Mithridaticum de-Mithridate
esse gestum avoir été faite
cum mulierculis. avec des femmelettes.
Quod ego existimo Ce que moi j'estime
longe secus, judices ; bien différemment , juges ,
disseramque pauca de eo : et je discuterai peu sur ce *point :*
neque enim in hoc car *ce n'est* pas en lui
causa continetur. que la cause est renfermée.
Nam si omnia bella, En effet si toutes les guerres,
quæ gessimus cum Græcis, que nous avons faites avec les Grecs ,
sunt contemnenda ; sont à-mépriser ;
triumphus M. Curii que le triomphe de M. Curius
de rege Pyrrho sur le roi Pyrrhus
derideatur : soit tourné-en-dérision :
T. Flaminini, de Philippo : *ceux* de T. Flamininus, sur Philippe :
M. Fulvii, de Ætolis : de M. Fulvius, sur les Étoliens :
L. Paulli , de rege Perse : de L. Paul-*Émile* sur le roi Persée :

Q. Metelli : de Corinthiis, L. Mummii. Sin hæc bella gravissima, victoriæque eorum bellorum gravissimæ fuerunt : cur
asiaticæ nationes, atque ille a te hostis contemnitur? Atqui
ex veterum rerum monumentis vel maximum bellum populum
romanum cum Antiocho gessisse video; cujus belli victor
L. Scipio, parta cum Publio fratre gloria, quam laudem ille,
Africa oppressa , cognomine ipso præ se ferebat, eamdem hic
sibi ex Asiæ nomine assumpsit.

32. Quo quidem in bello virtus enituit egregia M. Catonis [1],
proavi tui : quo ille, quum esset, ut ego mihi statuo, talis,
qualem te esse video, nunquam cum Scipione [2] esset profectus,
si cum mulierculis bellandum esse arbitraretur. Neque vero
cum P. Africano senatus egisset, ut legatus fratri proficisceretur, quum ipse, paulo ante, Annibale ex Italia expulso, ex

sur le roi Persée; de Q. Métellus sur le faux Philippe; de L. Mummius sur les Corinthiens. Mais, si ces guerres, au contraire, et les
victoires qui les ont terminées, ont été très-importantes, d'où vous
vient ce mépris pour les nations asiatiques et pour l'ennemi que nous
avions alors à combattre? Or, je vois d'après les anciens monuments
de notre histoire que la guerre du peuple romain contre Antiochus
fut des plus sanglantes, et que L. Scipion, qui partagea avec son
frère Publius la gloire d'en être sorti vainqueur, ne devint pas moins
illustre par le surnom d'Asiatique, que le destructeur de Carthage
ne l'était par celui d'Africain.

32. C'est aussi dans cette guerre que brilla le mérite distingué de
M. Caton, votre bisaïeul, et un homme d'un caractère, qui, je n'en
doute pas, ressemblait au vôtre, n'aurait jamais accompagné Scipion, s'il eût pensé qu'il allait combattre contre des femmes. Le sénat, de son côté, n'aurait pas engagé non plus Scipion l'Africain à
partir comme lieutenant de son frère, lui qui venait de chasser An-

Q. Metelli,
de Pseudo-Philippo :
L. Mummii, de Corinthiis.
Sin hæc bella
fuerunt gravissima,
victoriæque
eorum bellorum
gravissimæ :
cur nationes asiaticæ,
atque ille hostis
contemnitur a te?
Atqui video
ex monumentis
rerum veterum
populum romanum
gessisse cum Antiocho
bellum vel maximum ;
victor cujus belli
L. Scipio,
gloria parta
cum fratre Publio,
assumpsit sibi
ex nomine Asiæ,
eamdem laudem,
quam ille,
Africa oppressa,
ferebat præ se
cognomine ipso.
32. In quo quidem bello
enituit virtus egregia
M. Catonis, tui proavi :
quo ille,
quum esset talis,
ut ego statuo mihi,
qualem video te esse,
nunquam profectus esset
cum Scipione,
si arbitraretur
esse bellandum
cum mulierculis.
Neque vero senatus
egisset cum P. Africano,
ut proficisceretur
legatus fratri :
quum ipse, paulo ante,
Annibale
expulso ex Italia,

de Q. Métellus,
sur le Faux-Philippe :
de L. Mummius, sur les Corinthiens.
Si-au-contraire ces guerres
furent très-sérieuses
et les victoires
de ces guerres
très-importantes :
pourquoi les nations asiatiques,
et cet ennemi
sont-ils méprisés par toi?
Or je vois
par les monuments
des actions passées
le peuple romain
avoir fait avec Antiochus
une guerre extrêmement grave ;
le vainqueur de cette guerre
L. Scipion,
la gloire étant acquise
avec *son* frère Publius,
retira pour lui-même
du nom de l'Asie,
la même renommée,
que celui-ci,
après l'Afrique domptée,
portait avec lui
par *son* surnom même.
32. Dans cette même guerre
brilla le mérite distingué
de M. Caton, ton bisaïeul :
guerre pour laquelle lui,
puisqu'il était tel,
comme je *le* persuade à moi,
que je vois toi être,
jamais il ne serait parti
avec Scipion,
s'il eût pensé
devoir être combattu
avec des femmelettes.
Ni le sénat non plus
n'aurait pas arrêté avec P. l'Africain,
qu'il partirait
lieutenant à (de) *son* frère :
lorsque lui-même, peu auparavant,
Annibal
ayant été chassé de l'Italie,

Africa ejecto, Carthagine oppressa, maximis periculis rempublicam liberasset, nisi illud grave bellum et vehemens putaretur.

XV. Atqui, si diligenter, quid Mithridates potuerit, et
quid effecerit, et qui vir fuerit, consideraris; omnibus regi-
bus, quibuscum populus romanus bellum gessit, hunc regem
nimirum antepones, quem L. Sulla, maximo et fortissimo
exercitu, pugna excitatum, non rudis imperator, ut aliud
nihil dicam, cum bello invectum totam in Asiam, cum pace
dimisit : quem L. Murena, pater hujusce, vehementissime
vigilantissimeque vexatum, repressum magna ex parte, non
oppressum reliquit : qui rex, sibi aliquot annis sumptis ad
confirmandas rationes et copias belli, tantum ipse opibus cona-
tuque invaluit, ut se Oceanum cum Ponto, Sertorii copias
cum suis conjuncturum putaret.

33. Ad quod bellum duobus consulibus ita missis, ut alter

---

nibal de l'Italie, de le rejeter hors de l'Afrique et de délivrer la république des plus grands périls par la ruine de Carthage, s'il n'avait
regardé cette guerre comme importante et difficile.

XV. Et si, d'ailleurs, vous considérez avec soin quelle fut la puissance de Mithridate, ce qu'il fit et quel caractère il déploya, vous le
mettrez sans doute au-dessus de tous les rois que le peuple romain a
combattus; c'est lui que L. Sylla, général expérimenté, pour ne rien
dire de plus, à la tête d'une armée puissante et aguerrie, laissa sortir en paix, de l'Asie, dans laquelle il avait promené ses armes après
l'avoir irrité par une victoire; c'est lui que L. Muréna, le père de
mon client, malgré la vigueur et la vigilance de ses poursuites,
repoussa sur beaucoup de points, mais ne parvint pas à abattre;
c'est ce monarque qui, ne prenant que quelques années pour réparer
ses pertes et réunir de nouvelles forces, devint si redoutable par sa
puissance et son énergie, qu'il se crut au moment d'unir l'Océan
avec le Pont, et les troupes de Sertorius avec les siennes.

33. La conduite de cette guerre fut confiée à deux consuls, dont

ejecto ex Africa,	rejeté de l'Afrique,
Carthagine oppressa,	Carthage domptée,
liberasset rempublicam	eut délivré la république
periculis maximis,	des dangers les plus grands,
nisi illud bellum putaretur	si cette guerre n'avait pas été crue
grave et vehemens.	sérieuse et violente.
XV. Atqui,	XV. D'ailleurs,
si consideraris	si tu considères
diligenter,	avec-soin,
quid Mithridates	ce que Mithridate
potuerit,	eut-de-puissance,
et quid effecerit,	et ce qu'il fit,
et qui vir fuerit :	et quel homme il fût :
nimirum antepones	certainement tu donneras-la-supériorité
hunc regem	à ce roi
omnibus regibus,	sur tous les rois,
quibuscum	avec-lesquels
populus romanus	le peuple romain
gessit bellum,	a fait la guerre,
quem L. Sulla,	*lui* que L. Sylla,
imperator non rudis,	général non sans-expérience,
ut dicam nihil aliud,	pour que je ne dise rien autre chose,
exercitu maximo	avec une armée très-nombreuse
et fortissimo,	et très-brave,
excitatum pugna,	irrité par un combat,
invectum cum bello	s'étant porté avec la guerre,
in Asiam totam,	dans l'Asie tout-entière,
dimisit cum pace :	laissa-sortir en paix :
quem L. Murena,	*lui* que L. Muréna,
pater hujusce,	le père de celui-ci,
vexatum vehementissime	harcelé de-la-manière-la-plus-vigoureuse
vigilantissimeque,	et de-la-manière-la-plus-vigilante,
reliquit repressum	laissa réprimé
ex magna parte,	en grande partie,
non oppressum :	non abattu :
qui rex,	ce roi *qui*,
aliquot annis sumptis sibi	quelques années étant prises par lui
ad rationes et copias	pour les moyens et les ressources
belli confirmandas,	de la guerre devant être raffermis,
invaluit ipse tantum	devint-puissant lui-même tellement
opibus conatuque,	par *ses* forces et *son* énergie,
ut putaret	qu'il pensa
se conjuncturum	soi devoir réunir
Oceanum cum Ponto,	l'Océan avec le Pont,
copias Sertorii cum suis.	les troupes de Sertorius avec les siennes.
33. Duobus consulibus	33. Deux consuls
missis ad quod bellum,	ayant été envoyés pour cette guerre,

Mithridatem persequeretur, alter Bithyniam tueretur : alterius
res et terra et mari calamitosæ[1], vehementer et opes regis,
et nomen auxerunt : L. Luculli vero res tantæ exstiterunt, ut
neque majus bellum commemorari possit, neque majore consilio et virtute gestum. Nam, quum totius impetus belli ad
Cyzicenorum mœnia constitisset, eamque urbem sibi Mithridates Asiæ januam fore putavisset, qua effracta et revulsa,
tota pateret provincia; perfecta ab Lucullo hæc sunt omnia,
ut urbs fidelissimorum sociorum defenderetur, et omnes copiæ
regis diuturnitate obsidionis consumerentur. Quid? illam pu-
gnam navalem ad Tenedum, quum contento cursu, acerrimis
ducibus, hostium classis Italiam spe atque animis inflata pe-
teret, mediocri certamine, et parva dimicatione commissam
arbitraris? Mitto prælia; prætereo oppugnationes oppidorum.
Expulsus regno tandem aliquando, tantum tamen consilio

l'un devait poursuivre Mithridate, et l'autre protéger la Bithynie.
Les revers désastreux que l'un d'eux essuya sur terre et sur mer
augmentèrent de beaucoup la puissance et la renommée de ce roi;
mais L. Lucullus obtint de si brillants succès que l'on ne saurait
citer une expédition plus importante, ni conduite avec plus de talent
et de bravoure. Car, lorsque les efforts de toute la guerre se trouvaient
concentrés sous les murs de Cyzique, que Mithridate regardait comme
la clef de l'Asie et dont la prise et la ruine devaient lui ouvrir toute la
province, Lucullus réussit à la fois à protéger la ville de nos fidèles
alliés et à faire épuiser toutes les troupes du roi par la longueur du
siége. Et ce combat naval de Ténédos, lorsque, voguant à pleines
voiles et commandée par les chefs les plus ardents, la flotte des ennemis s'avançait vers l'Italie, enflée d'espoir et de confiance, pensez-
vous qu'il n'offrit qu'une faible lutte, dont le succès fut peu disputé?
Et, sans parler des batailles sur terre et des siéges de villes, Mithridate, à la fin chassé de son royaume, eut cependant encore assez

ita, ut alter persequeretur	de sorte que l'un poursuivît
Mithridatem,	Mithridate,
alter tueretur Bithyniam :	*et que* l'autre protégeât la Bithynie :
res alterius	les opérations du premier
calamitosæ	désastreuses
et terra et mari	et sur terre et sur mer
auxerunt vehementer	augmentèrent beaucoup
et opes, et nomen regis ;	et la puissance, et la renommée du **roi;**
res vero L. Luculli	mais les opérations de L. Lucullus
exstiterunt tantæ,	furent si brillantes,
ut bellum neque majus,	qu'une guerre ni plus grande,
neque gestum consilio	ni conduite avec une habileté
et virtute majore	et un courage plus grands
possit commemorari.	ne peut être citée.
Nam, quum impetus	Car, comme le foyer
totius belli	de toute la guerre
constitisset ad mœnia	se trouvait sous les murs
Cyzicenorum,	des *habitants* de-Cyzique,
Mithridatesque	et *que* Mithridate
putavisset eam urbem	pensait cette ville
fore sibi januam Asiæ,	devoir être à lui la porte de l'Asie,
qua effracta et revulsa,	laquelle étant brisée et renversée,
tota provincia pateret ;	toute la province serait-ouverte ;
hæc omnia	tous ces *résultats*
sunt perfecta ab Lucullo,	furent obtenus par Lucullus,
ut urbs	qu'une ville
sociorum fidelissimorum	d'alliés très-fidèles
defenderetur,	fut défendue,
et omnes copiæ regis	et *que* toutes les forces du roi
consumerentur	s'épuisèrent
diuturnitate obsidionis.	par la longueur du siége.
Quid? arbitraris	Eh quoi? penses-tu
illam pugnam navalem	ce combat naval
ad Tenedum,	à Ténédos,
quum classis hostium,	lorsque la flotte des ennemis,
inflata spe atque animis,	enflée d'espoir et de confiance,
peteret Italiam	marchait-vers l'Italie
cursu contento,	d'une course rapide,
ducibus acerrimis,	sous des chefs intrépides,
commissam certamine	*avoir été* livrée par un engagement
mediocri,	sans-importance,
et dimicatione parva?	et avec une lutte faible?
Mitto prælia ;	Je laisse-de-côté les combats ;
prætereo	je passe-sous-silence
oppugnationes oppidorum.	les siéges de villes.
Tandem expulsus	Enfin chassé
aliquando regno,	cependant de *son* royaume,

atque auctoritate valuit, ut se, rege Armeniorum adjuncto[1],
novis opibus copiisque renovarit.

XVI. 34. Ac, si mihi nunc de rebus gestis esset nostri exercitus, imperatorisque dicendum, plurima et maxima prælia
commemorare possem : sed non id agimus. Hoc dico : si bellum hoc, si hic hostis, si ille rex contemnendus fuisset; neque
tanta cura senatus et populus romanus suscipiendum putasset,
neque tot annos gessisset, neque tanta gloria L. Luculli : neque vero ejus belli conficiendi curam tanto studio populus romanus ad Cn. Pompeium detulisset : cujus ex omnibus pugnis,
quæ sunt innumerabiles, vel acerrima mihi videtur illa, quæ
cum rege commissa est, et summa contentione pugnata. Qua
ex pugna quum se ille eripuisset, et Bosphorum confugisset,

d'adresse et de crédit pour faire entrer dans son alliance le roi d'Ar-
ménie et se donner ainsi de nouvelles forces et de nouvelles ressources.

XVI. 34. Et, si j'avais à parler ici des exploits de notre armée et
de son général, je pourrais citer de nombreux et brillants combats;
mais ce n'est pas mon objet. Je me contente de dire que, si cette
guerre, si cet ennemi, si ce roi avaient été à dédaigner, le sénat et le
peuple romain n'auraient pas mis tant de soin à la conduite de l'expédition ; celle-ci n'aurait pas duré tant d'années, ni procuré tant de
gloire à L. Lucullus; enfin, le peuple romain n'aurait pas confié
avec tant d'empressement le soin de la terminer à Cn. Pompée, qui,
des innombrables combats qu'il eut à livrer, n'en trouva pas de plus
terrible à mon avis et de plus chaudement disputé que celui qu'il en-
gagea contre le roi lui-même. Échappé à sa défaite et réfugié dans
le Bosphore, où notre armée ne pouvait pénétrer, il conserva néan-

valuit tamen tantum
consilio
atque auctoritate,
ut se renovarit
opibus copiisque novis,
rege Armeniorum
adjuncto,
    XVI. 34. Ac, si nunc
esset mihi dicendum
de rebus gestis
nostri exercitus,
imperatorisque,
possem commemorare
prælia plurima et maxima :
sed non agimus id.
Dico hoc :
si hoc bellum,
si hic hostis, si ille rex
fuisset contemnendus ;
neque senatus
et populus romanus
putasset
suscipiendum
tanta cura,
neque gessisset
tot annos,
neque tanta gloria
L. Luculli :
neque vero
populus romanus
detulisset studio tanto
ad Cn. Pompeium
curam ejus belli
conficiendi :
ex omnibus pugnis cujus,
quæ sunt innumerabiles,
illa quæ est commissa
cum rege,
videtur mihi
vel acerrima,
et pugnata
contentione summa.
Quum ille eripuisset
se ex qua pugna,
et confugisset
Bosphorum,
quo exercitus

malgré-cela il eut-une puissance telle
par *son* habileté
et *son* ascendant,
qu'il se remit-en-état
par des ressources et des troupes nouvelles,
le roi des Arméniens
étant joint *à lui.*
    XVI. 34. Et, si maintenant
il était à moi à-parler
des exploits
de notre armée.
et de *son* général,
je pourrais rappeler
des combats nombreux et très-grands :
mais nous ne traitons pas ce *sujet.*
Je dis ceci :
si cette guerre,
si cet ennemi, si ce roi
avaient été à-mépriser ;
ni le sénat
et le peuple romain
n'auraient pensé
elle devoir être conduite
avec tant de soin,
ils ne l'auraient pas faite
pendant tant d'années,
ni avec une si grande gloire
de (pour) L. Lucullus :
ni non plus
le peuple romain
n'eût pas déféré avec une ardeur si grande
à Cn. Pompée
le soin de cette guerre
devant être achevée :
de tous les combats de cette *guerre,*
qui sont innombrables,
celui qui a été engagé
avec le roi,
paraît à moi
de beaucoup le plus terrible,
et *où il fut* combattu
avec les efforts les plus grands.
Après que ce *Mithridate* eut sauvé
lui de ce combat,
et se fut réfugié
dans le Bosphore,
où l'armée

quo exercitus adire non posset; etiam in extrema fortuna et fuga nomen tamen retinuit regium. Itaque ipse Pompeius, regno possesso, ex omnibus oris ac notis sedibus hoste pulso, tamen tantum in unius anima posuit, ut, quum omnia, quæ ille tenuerat, adierat, sperarat, victoria possideret, tamen non ante, quam illum vita expulit[1], bellum confectum judicarit. Hunc tu hostem, Cato, contemnis, quocum per tot annos, tot præliis, tot imperatores bella gesserunt? cujus expulsi et ejecti vita tanti æstimata est, ut, morte ejus nuntiata, tum denique bellum confectum arbitraretur? Hoc igitur in bello L. Murenam, legatum fortissimi animi, summi consilii, maximi laboris cognitum esse defendimus; et hanc ejus operam non minus ad consulatum adipiscendum, quam hanc nostram forensem industriam, dignitatis habuisse.

XVII. 35. « At enim in præturæ petitione prior renuntiatus

moins le nom de roi, même au sein de la fuite et dans une fortune désespérée. Aussi, Pompée lui-même, après s'être emparé de son royaume, après l'avoir chassé de tous ses ports et de toutes ses places importantes, regarda cependant sa seule existence comme si redoutable, que, malgré la victoire qui le mettait en possession de tous les États que Mithridate avait occupés, conquis ou ambitionnés, il ne jugea néanmoins la guerre achevée que lorsqu'il l'eut contraint à quitter la vie. Voilà l'ennemi, Caton, que vous méprisez, un roi contre lequel tant de généraux ont combattu pendant tant d'années et dans tant de batailles? un roi dont le nom seul inspirait tant de terreur, que, malgré sa défaite et sa fuite, on ne crut la guerre terminée que lorsqu'on apprit sa mort. Or, je soutiens que Muréna, dans cette guerre, s'est fait connaître comme un lieutenant du plus brillant courage, de la plus haute prudence et de la plus infatigable activité, et que ces services ne lui ont pas donné pour le consulat des titres moins honorables que nos talents du forum ne le peuvent faire.

XVII. 35. « Mais enfin, lorsqu'ils briguèrent ensemble la préture,

non posset adire;	ne pouvait pénétrer ;
etiam in fortuna extrema	même dans une fortune extrême
et fuga,	et dans la fuite,
retinuit tamen	cependant il conserva
nomen regium.	le nom de-roi.
Itaque Pompeius ipse,	Aussi Pompée lui-même,
regno possesso,	le royaume étant conquis,
hoste pulso	l'ennemi chassé
ex omnibus oris	de tous les ports
ac sedibus notis,	et de *toutes* les places connues,
posuit tamen tantum	mit néanmoins tant de *prix*
in anima unius,	à la vie d'un-seul *homme,*
ut, quum possideret	que, lorsqu'il possédait
victoria	par la victoire
omnia, quæ ille tenuerat,	tout ce que celui-ci avait occupé,
adierat, sperarat,	avait conquis, avait espéré,
tamen non judicarit	cependant il ne jugea pas
bellum confectum	la guerre achevée
ante quam expulit illum	avant qu'il n'eût fait-sortir lui
vita.	de la vie.
Tu, Cato,	Toi, Caton
contemnis hunc hostem,	tu méprises cet ennemi,
quocum tot imperatores	avec-lequel tant de généraux
gesserunt bella	ont fait la guerre
per tot annos,	pendant tant d'années,
tot præliis?	dans tant de combats?
cujus expulsi et ejecti	duquel chassé et rejeté
vita est æstimata	la vie a été estimée
tanti,	d'un si grand *prix,*
ut, morte ejus nuntiata,	que, la mort de lui étant annoncée,
tum denique arbitraretur	alors seulement on jugea
bellum confectum?	la guerre achevée?
Defendimus igitur	Je soutiens donc
L. Murenam esse cognitum	L. Muréna avoir été reconnu
in hoc bello,	dans cette guerre,
legatum animi fortissimi,	un lieutenant d'un courage très-grand,
consilii summi,	d'une prudence achevée,
laboris maximi;	d'une activité extrême;
et hanc operam ejus	et ces services de lui
non habuisse	ne pas avoir eu
minus dignitatis	moins de titres
ad consulatum	pour le consulat
adipiscendum,	devant être obtenu,
quam hanc industriam	que cette profession
forensem nostram.	du-barreau *qui est* la nôtre.
XVII. 35. « At enim Servius	XVII. 35. « Mais Servius

est Servius. » Pergitisne vos, tanquam ex syngrapha, agere
cum populo, ut, quem locum semel honoris cuipiam dederit,
eumdem reliquis honoribus debeat? Quod enim fretum, quem
Euripum tot motus, tantas, tam varias habere putatis agita-
tiónes fluctuum, quantas perturbationes, et quantos æstus
habet ratio comitiorum? Dies intermissus unus, aut nox inter-
posita, sæpe perturbat omnia; et totam opinionem parva nonnunquam commutat aura rumoris. Sæpe etiam sine ulla aperta
causa fit aliud atque existimamus, ut nonnunquam ita factum
esse etiam populus admiretur : quasi vero non ipse fecerit.

36. Nihil est incertius vulgo, nihil obscurius voluntate hominum, nihil fallacius ratione tota comitiorum. Quis L. Philippum
summo ingenio, opera, gratia, nobilitate, a M. Herennio su-
perari posse arbitratus est? quis Q. Catulum, humanitate,
sapientia, integritate antecellentem, a Cn. Manlio? quis

Servius fut proclamé le premier. » Persistez-vous donc à croire le
peuple obligé, comme par un contrat, parce qu'il a donné une fois un
rang à un candidat pour une dignité, de le lui conserver pour toutes
les autres? Quel détroit, quelle mer orageuse croyez-vous exposés à
des mouvements si fréquents, à des agitations si imprévues, à de si
grands soulèvements, de si terribles tempêtes, que les flots des comices? Le délai d'un seul jour, l'intervalle d'une nuit suffisent souvent pour tout bouleverser : et la moindre rumeur qui s'élève change
quelquefois les sentiments de tout le monde. Souvent même, et sans
cause apparente, il arrive le contraire de ce qu'on devait croire, au
point que le peuple lui-même s'étonne de ce qu'il a fait, comme si ce
n'était pas son propre ouvrage.

36. Rien de plus mobile que la foule, rien de plus mystérieux que
les opinions des hommes, de plus trompeur que tous les incidents des
comices. Qui eût pensé que L. Philippus, si haut placé par son talent, par ses services, son crédit et sa naissance, serait vaincu par
Hérennius? que Q. Catulus, distingué par sa douceur, sa sagesse et

in petitione præturæ,	dans la demande de la préture,
est renuntiatus prior. »	a été proclamé le premier. »
Vos pergitisne	Est-ce que vous continuez
agere cum populo,	à traiter avec le peuple,
tanquam ex syngrapha,	comme d'après un contrat,
ut, quem locum honoris	de façon que, ce rang dans les honneurs
dederit semel cuipiam,	qu'il aura donné une-fois à quelqu'un,
debeat eumdem	il doive le donner de même
honoribus reliquis?	pour les honneurs à-venir?
Quod enim fretum,	Quel détroit en effet,
quem Euripum putatis	quel Euripe pensez-vous
habere tot motus,	avoir tant de mouvements,
agitationes fluctuum	des agitations de flots
tantas, tam varias,	si grandes, si variées
quantas perturbationes	que sont grandes les perturbations
et quantos æstus	et que sont grandes les tempêtes
habet ratio comitiorum?	que soulève l'assemblée des comices?
Unus dies intermissus,	Un-seul jour d'-intervalle,
aut nox interposita,	ou une nuit survenue,
perturbat sæpe omnia;	bouleverse souvent tout;
et parva aura rumoris	et le faible souffle d'une rumeur
commutat nonnunquam	change quelquefois
opinionem totam.	l'opinion en-entier.
Fit sæpe etiam	Il arrive souvent aussi
sine ulla causa aperta,	sans aucune cause apparente,
aliud atque existimamus,	autre chose que ce que nous pensons,
ut nonnunquam etiam	que quelquefois même
populus admiretur	le peuple s'étonne
esse factum ita:	avoir été agi ainsi:
quasi vero	comme si vraiment
non fecerit ipse.	il ne l'avait pas fait lui-même.
36. Nihil est incertius	36. Rien n'est plus incertain
vulgo,	que la multidude,
nihil obscurius	rien de plus obscur
voluntate hominum,	que la volonté des hommes,
nihil fallacius	rien de plus trompeur
tota ratione comitiorum.	que toute la conduite des comices.
Quis arbitratus est	Qui a pensé
L. Philippum	L. Philippus
ingenio summo,	homme d'un talent très-élevé,
opera, gratia,	distingué par ses actes, son crédit,
nobilitate,	sa noblesse,
posse superari	pouvoir être surpassé
a M. Herennio?	par M. Hérennius?
quis Q. Catulum,	qui a pensé Q. Catulus,
antecellentem humanitate,	éminent par sa douceur,
sapientia, integritate,	sa sagesse, sa probité,

M. Scaurum, hominem gravissimum, civem egregium, fortissimum senatorem, a Q. Maximo? non modo horum nihil ita
fore putatum est, sed ne quum esset factum quidem, quare
ita factum esset, intelligi potuit. Nam ut tempestates sæpe
certo aliquo cœli signo commoventur, sæpe improviso nulla ex
certa ratione, obscura aliqua ex causa excitantur : sic in hac
comitiorum tempestate populari, sæpe intelligas, quo signo
commota sit; sæpe ita obscura est, ut casu excitata esse videatur.

XVIII. 37. Sed tamen, si est reddenda ratio, duæ res vehementer in prætura desideratæ sunt, quæ ambæ in consulatu
tum Murenæ profuerunt : una, exspectatio muneris [1], quæ et
rumore nonnullo, et studiis sermonibusque competitorum creverat; altera, quod ii, quos in provincia ac legatione omnis
et liberalitatis et virtutis suæ testes habuerat, nondum decesse-

son intégrité, le serait par Cn. Manlius? que M. Scaurus, personnage
important, citoyen remarquable, sénateur plein de courage, le cède-
rait à Q. Maximus? Non-seulement aucune de ces préférences n'avait
été jugée possible, mais, lorsqu'on les connut, on ne put les compren-
dre. Souvent les tempêtes sont soulevées par quelque phénomène
connu de l'atmosphère, souvent elles s'élèvent tout à coup sans qu'on
puisse prévoir ou expliquer la cause qui les fait naître : ainsi, dans
ces orages populaires des comices, si l'on peut souvent démêler ce
qui les excite, souvent la source en est si cachée, qu'ils semblent dus
au hasard.

XVIII. 37. Mais cependant, s'il vous faut une explication, deux
circonstances ont manqué à Muréna pour la préture, qui l'ont alors
servi toutes deux pour le consulat : d'abord on attendait de lui des
jeux, promis par la rumeur publique et par les discours intéressés
de ses compétiteurs ; ensuite, les soldats qu'il avait eus, dans sa province et pendant sa lieutenance, pour témoins de toute sa générosi-
sité et de son courage, n'avaient point encore quitté l'Asie. La for-

a Cn. Manlio?

pouvoir *l'être* par Cn. Manlius?

quis M. Scaurum,

qui *a pensé* M. Scaurus,

hominem gravissimum,

homme très-considérable,

civem egregium,

citoyen distingué,

senatorem fortissimum,

sénateur plein-de-courage,

a Q. Maximo?

pouvoir *l'être* par Q. Maximus?

non modo nihil horum

non-seulement rien de ce *genre*

est putatum fore ita,

ne fut pensé devoir arriver ainsi,

sed ne potuit quidem

mais il ne put pas même

intelligi,

être compris,

quum esset factum,

lorsque *cela* eut été fait,

quare esset factum ita.

pourquoi *cela* avait été fait ainsi.

Nam ut tempestates

Car de même que les tempêtes

commoventur sæpe

se soulèvent souvent

aliquo signo certo cœli,

à quelque signe certain du ciel,

excitantur sæpe

et surgissent souvent

improviso

à l'improviste

ex nulla ratione certa,

sans aucune raison certaine,

ex aliqua causa obscura:

de quelque cause cachée:

sic in hac tempestate

ainsi dans cette tempête

populari

populaire

comitiorum,

des comices,

sæpe intelligas,

souvent tu comprendras,

quo signo sit commota;

par quel signal elle a été excitée;

sæpe est ita obscura,

souvent elle est si sourde,

ut videatur

qu'elle paraît

esse excitata casu.

avoir été formée par le hasard.

XVIII. 37. Sed tamen,

XVIII. 37. Mais cependant

si ratio est reddenda,

si le compte est à-rendre,

duæ res

deux circonstances

sunt desideratæ

ont été regrettées

vehementer

vivement

in prætura,

dans la préture *de Muréna*,

quæ ambæ profuerunt tum

qui toutes-deux ont servi alors

Murenæ in consulatu:

à Muréna pour le consulat:

una, exspectatio

l'une, *fut* l'attente

muneris,

des jeux imposés à sa charge,

quæ creverat

qui s'était accrue

et nonnullo rumore,

et par une certaine rumeur,

et studiis sermonibusque

et par les rivalités et les propos

competitorum;

de *ses* compétiteurs;

altera, quod ii,

l'autre, que ceux,

quos habuerat testes

qu'il avait eus *pour* témoins,

in provincia ac legatione,

dans *sa* province et *sa* lieutenance,

et omnis suæ liberalitatis

et de toute sa libéralité

et virtutis,

et de *son* courage,

nondum decesserant.

n'étaient pas encore partis.

rant. Horum utrumque ei fortuna ad consulatus petitionem reservavit. Nam et L. Luculli exercitus, qui ad triumphum convenerat, idem comes L. Murenæ præsto fuit; et munus amplissimum, quod petitio præturæ desiderabat, prætura restituit [1].

38. Num tibi hæc parva videntur adjumenta et subsidia consulatus? Voluntas militum? quæ quum per se valet multitudine, tum apud suos gratia, tum vero in consule declarando multum etiam apud universum populum romanum auctoritatis habet. Suffragatio militaris? Imperatores enim comitiis consularibus, non verborum interpretes deliguntur. Quare gravis est illa oratio: « Me saucium recreavit : me præda donavit: hoc duce castra cepimus, signa contulimus : nunquam iste plus militi laboris imposuit, quam sibi sumpsit ipse; quum fortis, tum etiam felix. » Hoc quanti putas esse ad famam hominum, ac voluntatem? Etenim, si tanta illis comitiis reli-

tune lui réserva ces deux avantages pour le consulat. Car l'armée de L. Lucullus, qui était revenue à Rome pour le triomphe de son général, appuya la candidature de Muréna; et il avait donné, pendant sa préture, ces jeux dont l'attente avait fait tort à son élection

38. Ne voyez-vous là que de faibles secours pour appuyer une demande du consulat? La faveur des soldats? qui, déjà si puissante par leur nombre et le crédit qu'ils ont sur leurs amis, exerce encore pour l'élection du consul une grande influence sur le peuple romain tout entier. Les suffrages militaires? Lorsque, dans les comices consulaires, ce sont des généraux que l'on choisit, et non pas des interprètes de mots. Aussi, est-ce une importante recommandation que ces discours : « Il a soulagé mes blessures; il m'a donné part au butin; c'est sous sa conduite que nous avons pris le camp ennemi, que nous en sommes venus aux mains ; jamais il n'a imposé aux sol dats plus de fatigues qu'il n'en a subi lui-même; il a autant de bon heur que de courage. » Quel pouvoir de semblables discours n'ont ils pas pour illustrer les hommes et leur concilier l'opinion ? Et, si

Fortuna reservavit ei
utrumque horum
ad petitionem consulatus.
Nam
et exercitus L. Luculli,
qui convenerat
ad triumphum,
idem fuit præsto
comes L. Murenæ;
et prætura restituit
munus amplissimum,
quod petitio præturæ
desiderabat.

38. Num hæc adjumenta
et subsidia consulatus
videntur tibi parva?
Voluntas militum?
quæ valet quum per se
multitudine,
tum gratia apud suos,
tum vero
habet multum auctoritatis
in consule declarando
etiam apud populum
romanum
universum.
Suffragatio militaris?
Imperatores enim
leliguntur
comitiis consularibus,
non interpretes verborum.
Quare
illa oratio est gravis:
« Recreavit me saucium :
donavit me præda :
hoc duce
cepimus castra,
contulimus signa :
nunquam iste imposuit
plus laboris militi,
quam ipse sumpsit sibi ;
quum fortis,
tum etiam felix. »
Quanti putas hoc esse
ad famam, ac voluntatem
hominum?
Etenim, si religio tanta

La fortune réserva à lui
l'un-et-l'autre de ces *avantages*
pour la demande du consulat.
Car
et l'armée de L. Lucullus,
qui s'était réunie
pour le triomphe,
elle-même se trouva présente
comme appui de L. Muréna;
et la préture *lui* rendit
la célébration magnifique,
que la demande de la préture
avait-à-regretter.

38. Maintenant ces aides
et secours du consulat
paraissent-ils à toi insignifiants?
La faveur des soldats?
qui est-forte et par elle-même
à cause du nombre,
et par *son* crédit auprès des siens,
mais d'ailleurs
a beaucoup d'influence
pour le consul à-élire
même auprès du peuple
romain
tout-entier.
La faveur des-soldats?
Des généraux en effet
sont choisis
dans les comices consulaires,
non des interprètes de mots.
Aussi
ce discours a-du-poids :
« Il a soigné moi blessé :
il a donné à moi du butin :
lui *nous* conduisant
nous avons pris un camp,
nous avons livré bataille :
jamais celui-là n'a imposé
plus de travaux au soldat,
que lui-même n'*en* a pris pour lui;
autant *il est* brave,
autant aussi *il est* heureux. »
De quel *prix* penses-tu cela être
pour l'opinion, et la faveur
des hommes?
Car, si une force-religieuse si grande

gio est, ut adhuc semper omen valuerit prærogativum[1]; quid
mirum est, in hoc felicitatis famam sermonemque valuisse?

XIX. 39. Sed, si hæc leviora putas, quæ sunt gravissima,
et hanc urbanam suffragationem militari anteponis, noli ludorum hujus elegantiam, et scenæ magnificentiam valde contemnere; quæ huic admodum profuerunt. Nam quid ego dicam,
populum ac vulgus imperitorum ludis magnopere delectari?
Minus est mirandum. Quanquam huic causæ id satis est : sunt
enim populi ac multitudinis comitia. Quare si populo ludorum
magnificentia voluptati est, non est mirandum, eam L. Murenæ apud populum profuisse. Sed si nosmetipsi, qui et ab
delectatione omni negotiis impedimur, et in ipsa occupatione
delectationes alias multas habere possumus; ludis tamen
oblectamur, et ducimur; quid tu admirere de multitudine
indocta ?

40. L. Otho[2], vir fortis, meus necessarius, equestri ordini

telle est l'autorité de la religion dans ces comices, que la prérogative
accordée par le sort ait toujours prévalu, faut-il s'étonner que la
réputation de bonheur ainsi faite à Muréna, ait eu le pouvoir de le
faire élire ?

XIX. 39. Mais, si vous trouvez sans valeur des avantages en réalité d'un très-grand poids, gardez-vous au moins de faire trop peu
de cas de l'élégance des jeux et de la splendeur des spectacles qui
l'ont puissamment servi. Faut-il vous dire le charme attrayant des
fêtes pour le peuple et pour la multitude ignorante ? Il n'y a rien là
qui étonne, et cela suffit pour ma cause; car c'est le peuple et la multitude qui forment les comices. Par conséquent, si la magnificence
des jeux plaît au peuple, il n'est pas surprenant qu'elle l'ait bien dispo-
sé pour Muréna. Mais, si nous-mêmes, que les affaires éloignent de
tous les plaisirs, et qui pouvons d'ailleurs en trouver beaucoup
d'autres au milieu de nos travaux mêmes, nous sommes cependant
charmés et attirés par les jeux, pouvez-vous vous étonner de leur
empire sur la foule grossière ?

40. L. Othon, citoyen courageux et que j'aime, fit restituer à

est illis comitiis,
ut omen prærogativum
valuerit adhuc semper ;
quid est mirum,
famam felicitatis
sermonemque
valuisse in hoc?

est dans ces comices,
que l'augure de-prérogative
influe encore toujours;
qu'y a-t-il d'étonnant,
la réputation de bonheur
et les discours *tenus*
avoir agi dans cette *circonstance ?*

XIX. 39. Sed, si putas
hæc leviora,
quæ sunt gravissima,
et anteponis
hanc suffragationem
urbanam
militari,
noli contemnere valde
elegantiam ludorum hujus,
et magnificentiam scenæ ;
quæ profuerunt huic
admodum.
Nam quid ego dicam,
populum ac vulgus
imperitorum
delectari magnopere ludis?
Est minus mirandum.
Quanquam id est satis
huic causæ :
comitia enim sunt
populi ac multitudinis.
Quare
si magnificentia ludorum
est voluptati populo,
non est mirandum,
eam profuisse L. Murenæ
apud populum.
Sed si nosmetipsi,
qui et impedimur
negotiis
ab omni delectatione,
et possumus habere
in occupatione ipsa
multas alias delectationes,
tamen oblectamur,
et ducimur ludis;
quid tu admirere
de multitudine indocta?

XIX. 39. Mais, si tu crois
ces avantages légers
qui sont très-importants,
et *si* tu préfères
ces suffrages
de-la-ville
à *celui* des-soldats,
ne-va-pas mépriser *si* fort
l'élégance des jeux de lui (Muréna),
et la magnificence du spectacle ;
qui servirent à lui
à-merveille.
Car pourquoi dirai-je,
le peuple et la foule
des ignorants
être réjouis grandement par les jeux ?
Cela n'est pas étonnant.
Et pourtant cela est assez
pour cette cause :
car les comices sont *composés*
du peuple et de la multitude.
Ainsi donc,
si la magnificence des jeux
est à plaisir au peuple,
il n'est pas étonnant,
elle avoir été-utile à L. Muréna
auprès du peuple.
Mais si nous-mêmes
qui d'une part sommes écartés
par les affaires
de tous les plaisirs,
et de l'autre pouvons avoir
dans le travail lui-même
beaucoup d'autres délassements,
néanmoins nous sommes charmés,
et nous sommes attirés par les jeux;
comment t'étonneras-tu
à propos d'une multitude grossière?

40. L. Otho, vir fortis,
meus necessarius,

40. L. Othon, homme courageux,
mon ami.

restituit non solum dignitatem, sed etiam voluptatem. Itaque
lex hæc, quæ ad ludos pertinet, est omnium gratissima, quod
honestissimo ordini cum splendore fructus quoque jucunditatis est restitutus. Quare delectant homines, mihi crede, ludi,
etiam illos, qui dissimulant, non solum eos, qui fatentur :
quod ego in mea petitione sensi. Nam nos quoque habuimus
scenam competitricem [1]. Quod si ego, qui trinos ludos ædilis
feceram [2], tamen Antonii ludis commovebar : tibi, qui casu
nullos feceras [3], nihil hujus istam ipsam, quam irrides, argenteam scenam, adversatam putas?

41. Sed hæc sane sint paria omnia : sit par forensis opera
militari : sit par militari suffragatio urbana : sit idem, magnificentissimos et nullos unquam fecisse ludos : quid? in ipsa
prætura nihilne existimas inter tuam, et istius sortem interfuisse ?

l'ordre des chevaliers non pas seulement une distinction, mais un
plaisir. Aussi la loi sur les jeux fut-elle des mieux accueillies, parce
qu'elle rétablissait à la fois, pour un ordre recommandable, un juste
hommage et la jouissance d'un plaisir. C'est que les jeux, croyez-
moi, plaisent à tout le monde, à ceux qui s'en défendent aussi bien
qu'à ceux qui l'avouent ; et j'en ai fait l'épreuve dans ma candidature. Car moi aussi je les ai eus pour compétiteurs. Or, si les jeux
donnés par Antoine ont pu m'alarmer, moi qui en avais fait célébrer
de trois sortes; vous, à qui le sort avait refusé l'occasion d'en donner, croyez-vous que ce théâtre si brillant, dont vous vous moquez,
n'ait pas servi votre adversaire?

41. Mais supposons que tout soit égal de part et d'autre, qu'on
puisse mettre en parallèle les travaux du forum et ceux des camps,
les suffrages civils et les suffrages militaires, qu'il soit indifférent
d'avoir ou de n'avoir pas donné de magnifiques jeux, pensez-vous
que pour la préture le sort vous ait placés au même rang?

restituit ordini equestri
non solum dignitatem,
sed etiam voluptatem.
Itaque hæc lex,
quæ pertinet ad ludos.
est gratissima omnium,
quod fructus quoque
jucunditatis
est restitutus
cum splendore
ordini honestissimo.
Quare ludi, crede mihi,
delectant homines,
etiam illos,
qui dissimulant,
non solum eos,
qui fatentur :
quod ego sensi
in mea petitione.
Nam nos quoque habuimus
scenam competitricem.
Quod si ego,
qui ædilis
feceram ludos trinos,
tamen commovebar
ludis Antonii :
putas istam scenam hujus,
ipsam argenteam,
quam irrides,
nihil adversatam tibi,
qui casu
feceras nullos ?

41. Sed omnia hæc
sint sane paria :
opera forensis
sit par militari :
suffragatio urbana
sit par militari :
sit idem,
fecisse ludos
magnificentissimos
et unquam nullos :
quid ? in prætura ipsa
existimasne
nihil interfuisse
inter sortem tuam,
et istius ?

restitua à l'ordre équestre
non-seulement *sa* distinction,
mais encore *son* plaisir.
C'est pourquoi cette loi,
qui concerne les jeux,
est la plus agréable de toutes,
parce que l'avantage aussi
du plaisir
fut rendu
en-même-temps-que l'éclat
à un ordre très-recommandable.
Ainsi les jeux, crois-moi,
plaisent aux hommes,
même à ceux
qui *le* cachent,
et non-seulement à ceux,
qui *l'*avouent:
ce que j'ai reconnu
dans ma demande.
Car moi aussi j'ai eu
des jeux *pour* compétiteurs.
Que si moi,
qui *étant* édile
avais donné des jeux de-trois-sortes,
cependant j'étais alarmé
par les jeux d'Antoine :
penses-tu ce spectacle de celui-ci,
même brillant-d'argent,
et dont tu te moques,
n'avoir été en rien contraire à toi,
qui par hasard
n'*en* avais donné aucun?

41. Mais que tous ces *titres*
soient complétement semblables :
que les travaux du-forum
soient égaux à *ceux* des-camps;
que les suffrages de-la-ville
soient égaux à *ceux* de-l'armée:
qu'il soit égal,
d'avoir donné les jeux
les plus magnifiques
et *de n'en avoir donné* jamais aucuns :
quoi ? dans la préture elle-même
penses-tu
aucune différence-ne-s'être-trouvée
entre le sort échu-à-toi,
et *le sort* de celui-ci ?

XX. Hujus sors ea fuit [1], quam omnes tui necessarii tibi optabamus, juris dicendi : in qua gloriam conciliat magnitudo negotii, gratiam, æquitatis largitio : qua in sorte sapiens prætor, qualis hic fuit, offensionem vitat æqualitate decernendi, benevolentiam adjungit lenitate audiendi. Egregia et ad consulatum apta provincia, in qua laus æquitatis, integritatis, facilitatis, ad extremum ludorum voluptate concluditur.

42. Quid tua sors? tristis, atrox : quæstio peculatus, ex altera parte, lacrimarum et squaloris, ex altera, plena catenarum, atque indicum. Cogendi judices inviti, retinendi contra voluntatem : scriba damnatus [2], ordo totus alienus : Sullana gratificatio [3] reprehensa; multi viri fortes, et prope pars civitatis offensa est : lites severe æstimatæ : cui placet, obliviscitur; cui dolet, meminit. Postremo tu in provinciam ire no-

XX. Muréna obtint celle de la ville, que notre amitié nous faisait tous désirer pour vous. Dans un semblable poste, l'importance des fonctions est une source de gloire, l'impartiale distribution de la justice une source de faveur. C'est là qu'un préteur, aussi sage que le fut Muréna, évite de blesser personne par l'équité de ses jugements, et se concilie tout le monde par son affabilité. Charge privilégiée et bien faite pour mener au consulat, que celle où le mérite de l'équité, de l'intégrité, de la douceur, se recommande encore à la fin par les jeux dont elle offre la jouissance au peuple.

42. Quel fut votre partage? des fonctions tristes et cruelles; des crimes de péculat à juger, entre les larmes et le deuil d'une part, et de l'autre les chaînes et les délateurs. C'étaient des juges à réunir contre leur gré, à retenir par la force. La condamnation d'un greffier vous aliéna le corps tout entier de ces fonctionnaires; en revenant sur les dons de Sylla, vous avez blessé beaucoup de bons citoyens, et presque une partie de Rome; l'estimation des dommages fut sévère; or celui qu'on oblige, l'oublie, celui qu'on mécontente, s'en souvient. Enfin vous avez refusé d'accepter une province; je ne peux blâmer

XX. Sors hujus fuit ea, quam omnes tui necessarii optabamus tibi, dicendi juris : in qua magnitudo negotii conciliat gloriam, largitio æquitatis, gratiam : in qua sorte, prætor sapiens, qualis hic fuit, vitat offensionem æqualitate decernendi, adjungit benevolentiam lenitate audiendi. Provincia egregia et apta ad consulatum, in qua laus æquitatis, integritatis, facilitatis, concluditur ad extremum voluptate ludorum.

42. Quid tua sors ? tristis, atrox : quæstio peculatus, ex altera parte plena lacrimarum et squaloris, ex altera catenarum, atque indicum. Judices cogendi inviti, retinendi contra voluntatem : scriba damnatus, ordo totus alienus : gratificatio Sullana reprehensa ; multi viri fortes, et prope pars civitatis est offensa : lites æstimatæ severe : cui placet, obliviscitur ; cui dolet, meminit. Postremo tu noluisti ire in provinciam ;

XX. Le sort de lui fut celui que *nous* tous tes amis nous souhaitions à toi , de rendre la justice : dans cette *charge* l'importance des fonctions assure la gloire, la distribution de la justice, le crédit : dans cette charge, un préteur sage , tel que celui-ci *le* fut, évite l'offense (de blesser) par l'impartialité de-*ses*-jugements, il gagne la bienveillance par l'affabilité d'écouter (d'accueil) Préture privilégiée et propre à *préparer* le consulat , *que celle* où le mérite de l'équité, de l'intégrité, de l'indulgence, est complété à la fin par le plaisir des jeux

42. Quel *fut* ton partage ? triste, dur : la poursuite du péculat, d'un côté pleine de larmes et de deuil , de l'autre de chaînes et de délateurs. Des juges à-réunir malgré-eux, à-retenir contre *leur* volonté : un greffier condamné, l'ordre entier aliéné *par là* : les gratifications de-Sylla poursuivies ; beaucoup de citoyens braves, et presque une partie de la ville furent blessés : des condamnations taxées sévèrement: *celui* que *quelque chose* oblige l'oublie ; *celui* que *quelque chose* chagrine, s'*en* souvient. Enfin toi tu n'as-pas-voulu aller dans *ta* province ;

luisti; non possum id in te reprehendere, quod in me ipso et prætor, et consul probavi. Sed tamen L. Murenæ provincia multas bonas gratias cum optima existimatione attulit. Habuit proficiscens delectum in Umbria : dedit ei facultatem respublica liberalitatis; qua usus, multas sibi tribus, quæ municipiis Umbriæ conficiuntur, adjunxit; ipsa autem in Gallia, ut nostri homines desperatas jam pecunias exigerent, æquitate diligentiaque perfecit. Tu interea Romæ scilicet amicis præsto fuisti : fateor; sed tamen illud cogita, nonnullorum amicorum studia minui solere in eos, a quibus provincias contemni intelligant.

XXI. 43. Et, quoniam ostendi, judices, parem dignitatem ad consulatus petitionem, disparem fortunam provincialium negotiorum in Murena, atque in Sulpicio fuisse; dicam jam apertius, in quo meus necessarius fuerit inferior Servius, et

en vous ce que j'ai fait moi-même comme préteur et comme consul. Mais cependant Muréna put acquérir dans la sienne beaucoup de crédit et en même temps une excellente réputation. A son départ, il fut chargé d'une levée de troupes en Ombrie ; la république lui donna le pouvoir d'exemption, et l'usage qu'il en fit lui attacha plusieurs tribus composées de villes municipales de ce pays. Dans la Gaule, il fit recouvrer à nos receveurs, à force de soins et d'équité, des sommes dont ils désespéraient. Vous cependant, à Rome, vous obligiez vos amis, j'en conviens; mais songez néanmoins que le zèle de bien des amis se refroidit d'ordinaire envers les candidats qu'ils voient dédaigner les provinces.

XXI. 43. Maintenant, juges, que je vous ai fait voir entre Muréna et Sulpicius l'égalité des titres au consulat et la différence apportée par le sort dans leurs magistratures de provinces, je ne cacherai pas ce qui a fait l'infériorité de Servius, mon ami ; et je dirai

non possum	je ne puis
reprehendere in te id.	blâmer en toi cette *conduite*,
quod et prætor, et consul,	que soit préteur, soit consul,
probavi in me ipso.	j'ai trouvée-bonne pour moi-même.
Sed tamen	Mais toutefois
provincia L. Murenæ	la province de L. Muréna
attulit	*lui* attira
multas bonas gratias	beaucoup de précieuses faveurs
cum existimatione optima.	avec la renommée la meilleure.
Proficiscens	*En* partant
habuit delectum	il fit une levée
in Umbria :	dans l'Ombrie :
respublica dedit ei	la république donna à lui
facultatem liberalitatis ;	la faculté de l'exemption ;
qua usus,	de laquelle se servant,
adjunxit sibi	il concilia à soi
multas tribus,	beaucoup de tribus,
quæ conficiuntur	qui se composent
municipiis Umbriæ ;	des municipes de l'Ombrie ;
in Gallia autem ipsa	d'un autre côté dans la Gaule même
perfecit æquitate	il obtint par *son* équité
diligentiaque	et par *ses* soins
ut nostri homines	que nos hommes (employés)
exigerent pecunias	firent-rentrer des sommes
jam desperatas.	déjà désespérées.
Tu interea Romæ	Toi pendant ce temps à Rome
fuisti scilicet	tu as été sans doute
præsto amicis :	au-service-de *tes* amis :
fateor ;	je *l'*avoue ;
sed tamen cogita illud,	mais cependant songe à ceci,
studia	le zèle
nonnullorum amicorum	de quelques amis
solere minui in eos,	a-coutume de diminuer envers·ceux,
a quibus intelligant	par lesquels ils voient
provincias contemni.	les provinces être dédaignées.
XXI. 43. Et, judices,	XXI. 43. Et, juges,
quoniam ostendi	puisque j'ai montré
dignitatem parem	un mérite égal
ad petitionem consulatus,	pour la demande du consulat,
fortunam disparem	un bonheur différent
negotiorum provincialium	dans les fonctions de-provinces
fuisse in Murena,	avoir été dans Muréna,
atque in Sulpicio ;	et dans Sulpicius ;
dicam jam apertius,	je dirai à présent plus hautement,
in quo Servius	en quoi Servius
meus necessarius	mon ami,
fuerit inferior, et dicam,	a été inférieur, et je dirai

ea dicam, vobis audientibus, amisso jam tempore, quæ ipsi
soli, re integra, sæpe dixi. Petere consulatum nescire te,
Servi, persæpe tibi dixi : et in iis rebus ipsis, quas te magno
et forti animo et agere, et dicere videbam, tibi solitus sum
dicere, magis te fortem senatorem mihi videri, quam sapientem candidatum. Primum accusandi terrores et minæ, quibus
tu quotidie uti solebas, sunt fortis viri : sed et populi opinionem a spe adipiscendi avertunt, et amicorum studia debilitant. Nescio quo pacto semper hoc fit; neque in uno aut altero
animadversum est, sed jam in pluribus : simul atque candidatus accusationem meditari visus est, ut honorem desperasse
videatur.

44. Quid ergo? acceptam injuriam persequi non placet?
immo vehementer placet : sed aliud tempus est petendi, aliud
persequendi. Petitorem ego, præsertim consulatus, magna spe,
magno animo, magnis copiis et in forum, et in campum deduci

devant vous, après l'élection achevée, ce que je lui ai dit plus d'une
fois à lui-même avant qu'on ne la fît. Je vous ai répété souvent,
Servius, que vous ne saviez pas vous y prendre pour votre recherche
du consulat, et que, dans les choses mêmes où je vous voyais agir et
parler avec résolution et courage, vous montriez plutôt la fermeté
d'un sénateur que la prudence d'un candidat. D'abord, les menaces
d'accusations que vous faisiez chaque jour pour effrayer, prouvent
un caractère intrépide, mais elles empêchent le peuple de croire que
vous comptez sur le succès, et elles refroidissent le zèle de vos amis.
Je ne sais comment cela se fait toujours, et ce n'est pas dans un ou
deux cas qu'on l'a remarqué, mais dans plusieurs; aussitôt qu'un
candidat paraît vouloir accuser son adversaire, il semble désespérer
de ses prétentions.

44. Quoi donc? vous ne voulez pas que l'on poursuive le tort
dont on a souffert? je le trouve fort légitime au contraire; mais le
moment pour le faire n'est pas celui d'une candidature. Je veux qu'un
candidat, surtout pour la dignité de consul, se montrant plein d'es-

vobis audientibus,
tempore jam amisso,
ea quæ dixi sæpe ipsi soli,
re integra.
Dixi persæpe tibi, Servi,
te nescire
petere consulatum :
et in iis rebus ipsis,
quas videbam te
et agere, et dicere
animo magno et forti,
solitus sum dicere tibi,
te videri mihi
magis senatorem fortem,
quam candidatum
sapientem.
Primum terrores et minæ
accusandi,
quibus tu solebas
uti quotidie,
sunt viri fortis :
sed et avertunt
opinionem populi
a spe adipiscendi,
et debilitant
studia amicorum.
Nescio quo pacto
hoc fit semper ;
neque est animadversum
in uno aut altero,
sed jam in pluribus :
simul atque candidatus
visus est meditari
accusationem,
ut videatur desperasse
honorem.
    44. Quid ergo?
non placet persequi
injuriam acceptam ?
immo placet vehementer :
sed est aliud tempus
petendi,
aliud persequendi.
Ego volo petitorem,
præsertim consulatus,
deduci et in forum,
et in campum

à vous écoutant (à votre audience),
l'occasion aujourd'hui étant perdue,
ce que j'ai dit souvent à lui seul,
l'affaire *étant* intacte (avant la lutte).
J'ai dit très-souvent à toi, Servius,
toi ne-pas-savoir
demander le consulat :
et dans ces choses mêmes,
que je voyais toi
et faire, et discuter
avec un caractère grand et courageux,
j'avais-coutume de dire à toi,
toi paraître à moi
plutôt un sénateur intrépide,
qu'un candidat
prudent.
D'abord les terreurs et les menaces
d'accusations,
dont tu avais-coutume
d'user chaque-jour,
sont d'un homme courageux :
mais et elles éloignent
l'opinion du peuple
de l'espoir *qu'on a* d'obtenir,
et elles affaiblissent
le zèle des amis.
Je ne-sais de quelle manière
cela se fait toujours ;
et *cela* n'a pas été remarqué
dans un ou deux *citoyens*,
mais déjà dans plusieurs :
aussitôt qu'un candidat
a paru méditer
une accusation,
qu'il paraisse avoir désespéré
d'*obtenir* l'honneur *qu'il brigue*.
    44. Quoi donc?
avis-n'est pas à *toi* de poursuivre
une injure reçue?
au contraire je *l*'approuve très-fort:
mais il y a un autre temps
pour demander *le consulat*,
et un autre pour poursuivre *une accusation*
Moi je veux un candidat,
surtout au consulat,
être amené et au forum,
et au champ-de-Mars

volo : non placet mihi inquisitio candidati, prænuntia repulsæ; non testium potius, quam suffragatorum comparatio;
non minæ magis, quam blanditiæ; non declamatio potius,
quam persalutatio : præsertim quum hoc novo more omnes
fere domos omnium concursent, et ex vultu candidatorum conjecturam faciant, quantum quisque animi et facultatis habere
videatur. « Videsne tu illum tristem, demissum? jacet, diffidit,
abjecit hastas. » Serpit hic rumor : « Scis tu illum accusationem cogitare? inquirere in competitores? testes quærere?
alium faciam, quoniam sibi hic ipse desperat. » Ejusmodi candidatorum amici intimi debilitantur, studia deponunt, aut testatam rem abjiciunt [1], aut suam operam, et gratiam judicio et
accusationi reservant.

XXII. 45. Accedit eodem, ut etiam ipse candidatus totum

poir et de confiance, soit accompagné d'un nombreux cortége au
forum et dans le champ de Mars : je n'approuve pas en lui cet esprit
d'inquisition, présage d'une échec; je n'aime pas qu'il cherche des
témoignages plutôt que des votes; qu'il menace au lieu de flatter;
qu'il déclame au lieu de solliciter, surtout depuis que l'usage s'est
introduit, à peu près pour tout le monde, d'accourir dans les maisons de tous les candidats afin de lire sur la figure de chacun ce
qu'il a d'espérance et de moyens de succès. « Voyez-vous comme il
est triste, abattu? il se décourage, il désespère, il jette ses armes. »
Une rumeur circule : « Savez-vous qu'il prépare une accusation?
qu'il informe contre ses compétiteurs? qu'il cherche des témoins? Je
voterai pour un autre puisque lui-même renonce. » Les amis intimes
de ces candidats faiblissent, leur zèle s'éteint, ils abandonnent une
entreprise avouée impossible ou réservent leurs services et leur crédit pour le jugement et l'accusation.

XXII. 45. Un autre inconvénient encore, c'est que le candidat lui-

magna spe,
par un grand espoir,
magno animo,
une grande confiance,
magnis copiis :
de grands appuis :
inquisitio candidati,
l'inquisition *de la part* du candidat,
prænuntia repulsæ,
présage d'un refus,
non placet mihi ;
ne plaît pas à moi ;
comparatio testium
la recherche de témoins
potius, quam
plutôt que
suffragatorum
de partisans
non ;
ne *plaît* pas *à moi ;*
non minæ
ni les menaces
magis, quam blanditiæ ;
plus que les caresses ;
non declamatio
ni les déclamations
potius, quam persalutatio :
plus que les politesses :
præsertim quum
surtout lorsque *maintenant*
hoc novo more,
suivant ce nouvel usage,
fere omnes concursent
presque tous parcourent
domos omnium,
les maisons de tous *les candidats,*
et faciant conjecturam
et tirent conjecture
ex vultu candidatorum,
du visage des candidats,
quantum quisque
combien chacun
videatur habere
semble avoir
animi et facultatis.
de confiance et de ressources.
« Videsne tu illum
« Ne vois-tu pas lui
tristem, demissum ?
triste, abattu ?
jacet, diffidit,
il se décourage, il se défie,
abjecit hastas. »
il a jeté *ses* armes. »
Hic rumor serpit :
Cette rumeur circule :
« Scis tu illum cogitare
« Sais-tu lui songer
accusationem ?
à une accusation ?
inquirere in competitores ?
informer contre *ses* compétiteurs ?
quærere testes ?
chercher des témoins ?
faciam alium,
je nommerai un autre,
quoniam hic desperat
puisque celui-ci désespère
ipse sibi. »
lui-même de lui (de son succès) »
Amici intimi
Les amis intimes
candidatorum ejusmodi
des candidats de cette sorte
debilitantur,
se découragent,
deponunt studia,
cessent *leurs* efforts,
aut abjiciunt
ou abandonnent
rem testatam,
une entreprise déclarée *sans espoir,*
aut reservant
ou réservent
suam operam, et gratiam
leur concours, et *leur* crédit
judicio et accusationi.
pour le jugement et l'accusation.
 XXII. 45. Accedit
 XXII. 45. Il se joint
eodem,
à cela,
ut candidatus ipse
que le candidat lui-même

animum, atque omnem curam, operam, diligentiamque suam
in petitione non possit ponere. Adjungitur enim accusationis
cogitatio, non parva res, sed nimirum omnium maxima :
magnum est enim, te comparare ea, quibus possis hominem
e civitate, præsertim non inopem, neque infirmum, extur-
bare; qui et per se, et per suos, et vero etiam per alienos de-
fendatur. Omnes enim ad pericula propulsanda concurrimus;
et qui non aperte inimici sumus, etiam alienissimis, in capitis
periculis, amicissimorum et officia et studia præstamus.

46. Quare ego expertus et petendi, et defendendi, et accusandi molestiam, sic intellexi : in petendo, studium esse acerrimum; in defendendo, officium; in accusando, laborem. Itaque sic statuo, fieri nullo modo posse, ut idem accusationem,
et petitionem consulatus diligenter adornet atque instruat.

même ne peut appliquer à sa demande toute son intelligence, tous ses
soins, toute son activité. Il est distrait en effet par la pensée de l'accusation, affaire non pas sans importance, mais au contraire la plus
sérieuse de toutes; car il est difficile de rassembler des griefs capables de faire bannir de Rome un citoyen riche et puissant, qui
est défendu par lui-même, par les siens et même par les étrangers.
Nous nous portons tous en effet au secours d'un accusé, et, pourvu
que nous ne soyons pas ses ennemis déclarés, nous lui prodiguons,
dans un danger capital, les bons offices et le zèle des amis les plus
dévoués.

46. Aussi, moi qui connais par expérience tous les désagréments
d'une candidature, d'une défense et d'une accusation, je sais qu'il
faut, pour briguer les honneurs, l'assiduité la plus infatigable; pour
défendre, le zèle le plus actif; pour accuser, le travail le plus pénible. Je pose donc en principe qu'il est absolument impossible de poursuivre et de préparer en même temps avec succès et une accusation et

non possit etiam	ne peut pas non plus
ponere totum animum,	mettre tout *son* esprit,
atque omnem curam,	et tout *son* soin,
operam,	*son* activité,
suamque diligentiam	et son zèle
in petitione.	dans *sa* demande.
Cogitatio enim	La pensée en effet
accusationis	de l'accusation
adjungitur,	se joint *au reste*,
res non parva,	affaire non légère,
sed nimirum	mais assurément
maxima omnium :	la plus grande de toutes :
est enim magnum,	il est en effet difficile,
te comparare ea,	toi rassembler ces *griefs*,
quibus possis	au moyen desquels tu puisses
exturbare e civitate	expulser de la ville
hominem,	un citoyen,
præsertim non inopem,	surtout non pauvre,
neque infirmum ;	ni sans-appui ;
qui defendatur	*mais* qui est défendu
et per se, et per suos,	et par lui-même, et par les siens,
et vero etiam per alienos.	et même aussi par les étrangers.
Omnes enim concurrimus	Car tous nous courons
ad pericula propulsanda ;	vers les périls à-repousser ;
et qui non sumus	et *nous* qui ne sommes pas
aperte inimici,	ouvertement ennemis,
præstamus	nous prêtons
etiam alienissimis,	même aux plus étrangers,
in periculis capitis,	dans un danger capital,
et officia et studia	et les services et le zèle
amicissimorum.	des meilleurs-amis.
46. Quare ego	46. Aussi moi
expertus molestiam	ayant éprouvé le désagrément
et petendi,	et de solliciter,
et defendendi,	et de défendre,
et accusandi,	et d'accuser,
intellexi sic :	j'ai compris ceci :
in petendo,	dans la candidature,
studium esse acerrimum ;	le zèle être le plus puissant ;
in defendendo, officium ;	dans la défense, le dévouement ;
in accusando, laborem.	dans l'accusation, le travail.
Itaque statuo sic,	C'est pourquoi j'établis ceci,
posse fieri nullo modo,	ne pouvoir arriver d'aucune façon,
ut idem	que le même *homme*
adornet diligenter	dispose avec-soin
atque instruat	et prépare
accusationem	une accusation

Unum sustinere pauci possunt, utrumque nemo. Tu, quum te de curriculo petitionis deflexisses, animumque ad accusandum transtulisses, existimasti, te utrique negotio satisfacere posse? Vehementer errasti. Quis enim dies fuit, posteaquam in istam accusandi denuntiationem ingressus es, quem tu non totum in ista ratione consumpseris?

XXIII. 47. Legem ambitus flagitasti, quæ tibi non deerat: erat enim severissime scripta Calpurnia. Gestus est mos et voluntati, et dignitati tuæ. Sed tota illa lex accusationem tuam, si haberes nocentem reum, fortasse armasset; petitioni vero refragata est. Pœna gravior in plebem tua voce efflagitata est; commoti animi sunt tenuiorum. Exsilium in nostrum ordinem: concessit senatus postulationi tuæ; sed non libenter duriorem fortunæ communi conditionem, te auctore, constituit. Morbi excusationi pœna addita est: voluntas offensa mul-

une demande du consulat. Peu d'hommes peuvent suffire à l'une de ces tâches, personne à toutes deux à la fois. Vous, en laissant de côté votre candidature pour donner vos soins à une accusation, vous avez cru pouvoir mener de front les deux entreprises? Ce fut une étrange erreur. Quel est en effet le jour depuis que vous avez pris le rôle d'accusateur, que vous n'ayez donné tout entier à ces exigences?

XXIII. 47. Vous avez sollicité contre les brigues une loi qui ne vous était pas indispensable. Car la loi Calpurnia était très-sévère. On a satisfait à votre désir et rendu hommage à votre caractère. Mais cette loi, qui aurait fourni des armes à votre accusation, en supposant Muréna coupable, a fait tort à votre candidature. Vous avez demandé une peine plus grave contre le peuple; les dernières classes s'en sont émues. Vous avez voulu l'exil contre ceux de notre ordre, le sénat y a consenti; mais ce n'est pas sans répugnance, que, pour vous plaire, il a rendu plus dure la condition de tous les citoyens. On a frappé d'une peine l'excuse pour cause de maladie:

et petitionem consulatus.
Pauci possunt
sustinere unum,
nemo utrumque.
Tu, quum deflexisses te
de curriculo petitionis,
transtulissesque animum
ad accusandum,
existimasti,
te posse satisfacere
utrique negotio?
Errasti vehementer.
Quis enim dies fuit,
postenaquam ingressus es
in istam denuntiationem
accusandi,
quem tu non consumpseris
totum in ista ratione?

XXIII. 47. Flagitasti
legem ambitus,
quæ non deerat tibi:
Calpurnia enim
erat scripta severissime.
Mos est gestus
et tuæ voluntati,
et dignitati.
Sed tota illa lex
armasset fortasse
tuam accusationem,
si haberes nocentem reum;
refragata vero est
petitioni.
Pœna gravior in plebem
est efflagitata tua voce;
animi tenuiorum
sunt commoti.
Exsilium
in nostrum ordinem:
senatus concessit
tuæ postulationi;
sed constituit
non libenter,
te auctore,
fortunæ communi
conditionem duriorem.
Pœna est addita
excusationi morbi:

et une demande du consulat.
Peu de *personnes* peuvent
suffire à une *de ces entreprises,*
aucune à toutes-deux.
Toi, lorsque tu eus descendu toi
du char de la candidature,
et *que* tu eus reporté *ton* esprit
vers une accusation,
tu as pensé,
toi pouvoir suffire
à l'une-et-à-l'autre affaire?
Tu t'es trompé grandement.
Quel jour en effet y eut-il,
depuis que tu es entré
dans cette déclaration
d'accuser,
lequel *jour* tu n'aies pas employé
tout-entier dans ce travail?

XXIII. 47. Tu as demandé
une loi de brigue,
qui ne manquait pas à toi :
car la *loi* Calpurnia
avait été portée très-sévèrement.
Satisfaction a été donnée
et à ta volonté,
et à *ton* caractère.
Mais toute cette loi
aurait armé peut-être
ton accusation,
si tu avais eu un coupable reconnu;
mais elle a mis-obstacle
à *ta* demande.
Une peine plus dure contre le peuple
a été sollicitée par ta voix;
les esprits des faibles
se sont émus.
Tu as demandé l'exil
contre notre ordre:
le sénat *l'*a accordé
à ta prière;
mais il a établi
non volontiers,
sur ton initiative,
dans l'état de-tous
une condition plus dure.
Une punition a été ajoutée
à l'excuse pour maladie:

torum, quibus aut contra valetudinis commodum laborandum
est, aut incommodo morbi etiam ceteri vitæ fructus relin-
quendi. Quid ergo? hæc quis tulit[1]? is, qui auctoritati senatus, voluntati tuæ paruit : denique is tulit, cui minime pro-
derant. Illa, quæ mea summa voluntate senatus frequens
repudiavit, mediocriter adversata tibi esse existimas? Confu-
sionem suffragiorum flagitasti, prorogationem legis Maniliæ,
æquationem gratiæ, dignitatis, suffragiorum. Graviter homines
honesti, atque in suis civitatibus et municipiis gratiosi tule-
runt, a tali viro esse pugnatum, ut omnes et dignitatis, et
gratiæ gradus tollerentur. Idem edititios judices[2] esse voluisti,
ut odia occulta civium, quæ tacitis, nunc discordiis continen-
tur, in fortunas optimi cujusque erumperent.

c'est une atteinte à la liberté de beaucoup de gens, forcés ainsi de
sortir d'un repos nécessaire à leur santé ou de subir un nouveau
dommage, parce qu'ils sont malades. Mais, direz-vous, qui a porté
cette loi ? un homme qui n'a fait que se rendre à l'autorité du sénat
et à votre désir, un homme enfin qui n'y avait aucun intérêt. Et les
propositions que ma volonté formelle a fait rejeter par la majorité
des sénateurs, pensez-vous qu'elles ne vous aient été que peu contraires? Vous avez demandé la confusion des suffrages, la remise
en vigueur de la loi Manilia, pour détruire dans les élections la pré-
pondérance du crédit et du rang. Des citoyens honorables, et jouis-
sant d'une influence dans leurs villes municipales, virent avec peine
les efforts d'un homme tel que vous pour confondre tous les degrés
de mérite et de faveur. Vous vouliez encore que les juges fussent
choisis par les accusateurs, pour que les haines cachées, contenues
jusque-là dans les limites d'inimitiés secrètes, vinssent menacer ou-
vertement les intérêts des meilleurs citoyens.

voluntas multorum offensa,	la liberté de beaucoup de *gens* a *été* froissée,
quibus	*gens* pour lesquels
aut laborandum est	ou bien il faut faire-quelque-chose
contra commodum	contre le bien
valetudinis,	de *leur* santé,
aut ceteri fructus vitæ	ou bien les autres avantages de la vie
relinquendi etiam	doivent être sacrifiés aussi
incommodo morbi.	par l'inconvénient de la maladie.
Quid ergo?	Quoi donc?
quis tulit hæc?	qui a porté cette *loi?*
is qui paruit	celui qui a obéi
auctoritati senatus,	à l'autorité du sénat,
tuæ voluntati :	à ta volonté :
denique is tulit,	enfin celui-là *l*'a portée,
cui proderant minime.	à qui elle servait le moins.
Illa, quæ repudiavit	Ces *propositions*, que repoussa
senatus frequens,	le sénat en-majorité,
mea voluntate summa,	sur ma volonté expresse,
existimas	penses-tu *elles*
esse adversata tibi	avoir été contraires à toi
mediocriter?	faiblement?
Flagitasti	Tu as demandé
confusionem suffragiorum,	la confusion des suffrages,
prorogationem	la prorogation
legis Maniliæ,	de la loi Manilia,
æquationem gratiæ,	l'égalité de crédit
dignitatis,	de rang,
suffragiorum.	de suffrages.
Homines honesti,	Des hommes honorables,
atque gratiosi	et possédant-du-crédit
in suis civitatibus	dans leurs cités,
et municipiis,	et les villes-municipales,
tulerunt graviter,	supportèrent avec-peine,
esse pugnatum	avoir été fait-des-efforts
a tali viro,	par un tel personnage,
ut omnes gradus	pour que tous les degrés
et dignitatis, et gratiæ	et de mérite et de crédit
tollerentur.	fussent supprimés.
Idem voluisti	De même tu as voulu
judices edititios	des juges produits-par-l'accusateur
esse,	exister,
ut odia occulta civium,	afin que les haines occultes des citoyens,
quæ nunc continentur	qui maintenant se renferment
discordiis tacitis,	dans des discordes secrètes,
erumperent in fortunas	éclatassent contre la fortune
cujusque optimi.	de tout bon *citoyen*.

48. Hæc omnia, tibi accusandi viam muniebant, adipiscendi obsepiebant. Atque ex omnibus illa plaga est injecta petitioni tuæ, non tacente me, maxima; de qua ab homine ingeniosissimo et copiosissimo, Hortensio, multa gravissime dicta sunt. Quo etiam mihi durior locus est dicendi datus; ut, quum ante me et ille dixisset, et vir summa dignitate, et diligentia, et facultate dicendi, M. Crassus, ego, in extremo non partem aliquam agerem causæ, sed de tota re dicerem, quod mihi videretur. Itaque in iisdem rebus fere versor, et, quod possum, judices, occurro vestræ satietati.

XXIV. 49. Sed tamen, Servi, quam te securim putas injecisse petitioni tuæ, quum tu populum romanum in eum metum adduxisti, ut pertimesceret ne consul Catilina fieret, dum tu accusationem comparares, deposita atque abjecta petitione?

48. Tous ces efforts vous ouvraient les voies de l'accusation, mais vous fermaient celles du consulat. Mais, de tous les coups, voici le plus terrible que vous ayez porté à vos prétentions, comme je vous l'ai dit déjà, et comme l'orateur le plus ingénieux et le plus éloquent, Hortensius, l'a prouvé d'une manière aussi complète que concluante. C'est aussi l'ordre dans lequel je prends la parole qui rend ma tâche plus pénible; car, venant après lui et après un homme d'un talent aussi élevé et aussi habile que M. Crassus, je n'avais pas à traiter une partie spéciale de la cause, mais à dire ce que je jugerais à propos sur son ensemble. Voilà pourquoi, juges, je reviens à peu près sur les mêmes idées, en m'efforçant, autant que je le peux, de ne pas trop fatiguer votre attention.

XXIV. 49. Ainsi donc, Servius, quel coup mortel n'avez-vous pas porté à votre candidature quand vous avez amené le peuple romain à craindre que Catilina ne se fît nommer consul, pendant qu'abandonnant avec insouciance le soin de votre demande, vous prépariez

48. Omnia hæc
muniebant tibi
viam accusandi,
obsepiebant
adipiscendi.
Atque illa plaga,
maxima ex omnibus,
est injecta tuæ petitioni,
me non tacente;
de qua multa
sunt dicta gravissime
ab homine ingeniosissimo
et copiosissimo,
Hortensio.
Quo etiam
locus durior dicendi
est datus mihi;
ut, quum et ille,
et vir summa dignitate,
et diligentia,
et facultate dicendi,
M. Crassus,
dixisset ante me,
ego in extremo,
non agerem
aliquam partem causæ,
sed dicerem
de re tota,
quod videretur mihi.
Itaque versor
fere in iisdem rebus,
et quod possum,
occurro, judices,
vestræ satietati.
XXIV. 49. Sed tamen,
quam securim, Servi,
putas te injecisse
tuæ petitioni,
quum tu adduxisti
populum romanum
in eum metum,
ut pertimesceret,
ne Catilina fieret consul,
dum tu comparares
accusationem,
petitione deposita
atque abjecta?

48. Toutes ces *mesures*
ouvraient à toi
la route pour accuser,
elles fermaient *celle*
pour obtenir *le consulat.*
Mais cette blessure,
la plus grave de toutes,
a été faite à ta demande,
moi ne gardant-pas-le-silence;
blessure sur laquelle beaucoup
a été dit avec-beaucoup-de-poids
par un homme très-ingénieux
et très-éloquent,
Hortensius.
Par quoi aussi
un sujet plus ingrat de discours
a été donné à moi;
il fallait que, quand et lui,
et un homme du plus grand mérite,
et de la *plus grande* habileté,
et du *plus haut* talent de parole,
M. Crassus,
avaient parlé avant moi,
moi à la fin,
je ne traitasse pas
quelque partie de la cause,
mais que je me-fisse-entendre
sur la cause tout-entière,
ce qui paraîtrait-bon à moi.
C'est pourquoi je traite
presque les mêmes sujets,
et tant que je *le* puis,
je préviens, juges,
votre lassitude.
XXIV. 49. Mais cependant
quel coup-de-hache, Servius,
crois-tu avoir frappé
sur ta demande,
lorsque tu as amené
le peuple romain
à cette crainte,
qu'il redoutât
que Catilina ne devînt consul,
pendant que tu préparais
une accusation,
ta demande étant abandonnée
et méprisée?

Etenim te inquirere videbant, tristem ipsum, mœstos amicos,
observationes, testificationes, seductiones testium, secessionem subscriptorum [1] animadvertebant : quibus rebus certe
ipsi candidatorum vultus obscuriores videri solent. Catilinam
interea alacrem atque lætum, stipatum choro juventutis, val-
latum indicibus atque sicariis, inflatum quum spe militum,
tum collegæ mei, quemadmodum dicebat ipse, promissis,
circumfluente colonorum Arretinorum, et Fesulanorum exercitu ; quam turbam dissimillimo ex genere, distinguebant homines percussi Sullani temporis calamitate. Vultus erat ipsius
plenus furoris ; oculi sceleris ; sermo arrogantiæ : sic ut ei jam
exploratus, et domi conditus consulatus videretur. Murenam
contemnebat ; Sulpicium accusatorem suum numerabat, non
competitorem ; ei vim denuntiabat ; reipublicæ minabatur.

une accusation ? On vous voyait en effet occupé d'informations ;
votre propre tristesse et l'inquiétude de vos amis étaient évidentes ;
on remarquait vos efforts pour obtenir des renseignements, pour
assembler des témoins et vous entendre avec eux ; pour conférer
avec des assesseurs, préoccupations qui doivent certainement ob-
scurcir la physionomie d'un candidat. Cependant Catilina marchait
la tête haute et l'air assuré, entouré d'un cortége de jeunes gens,
protégé par une troupe de délateurs et d'assassins, fier de son espoir
dans ses soldats, des promesses de mon collègue, comme il le disait
lui-même, et de la multitude armée des colons d'Arrétium et de Fé-
sules qui se pressait autour de lui, et dans laquelle, au milieu des
éléments les plus divers, on distinguait des hommes ruinés par la
révolution de Sylla. Catilina, la fureur sur le visage, le crime dans
les yeux, la menace à la bouche, semblait déjà sûr du consulat et le
tenir à sa disposition. Il méprisait Muréna ; et, voyant dans Sulpicius
un accusateur plutôt qu'un concurrent, il lui déclarait la guerre ; il
menaçait toute la république.

Etenim videbant te	En effet ils voyaient toi
inquirere,	faire-une-enquête,
ipsum tristem,	toi-même triste,
amicos mœstos ;	*tes* amis chagrins ;
animadvertebant	ils remarquaient
observationes,	*tes* recherches,
testificationes,	*tes* productions-de-témoignages,
seductiones testium,	*tes* entretiens avec les témoins,
secessionem	*tes* rendez-vous
subscriptorum :	avec *tes* coaccusateurs :
quibus rebus certe	par ces soins certainement
vultus ipsi candidatorum	les visages mêmes des candidats
solent videri obscuriores.	ont-coutume de paraître plus obscurs.
Interea Catilinam	Pendant ce temps *on voyait* Catilina
alacrem atque lætum,	gai et joyeux,
stipatum choro juventutis,	accompagné d'un cortége de jeunes-gens,
vallatum	protégé
indicibus atque sicariis,	par des délateurs et des assassins,
inflatum	enflé
quum spe militum,	tant par *son* espoir dans les soldats,
tum promissis mei collegæ,	que par les promesses de mon collègue,
quemadmodum	comme
dicebat ipse,	il *le* disait lui-même,
circumfluente	entouré
exercitu colonorum	de l'armée des colons
Arretinorum,	d'-Arrétium,
et Fesulanorum ;	et de-Fésules ;
quam turbam	dans laquelle foule
ex genere dissimillimo,	des éléments les plus divers,
distinguebant	se-faisaient-remarquer
homines percussi	des hommes frappés
calamitate	par les malheurs
temporis Sullani.	de l'époque de-Sylla.
Vultus ipsius	Le visage de lui-même
erat plenus furoris :	était plein de fureur ;
oculi sceleris ;	*ses* yeux de crime ;
sermo arrogantiæ :	*sa* parole d'arrogance :
sic ut consulatus	de telle sorte que le consulat
videretur ei	paraissait à lui
jam exploratus,	déjà assuré,
et conditus domi.	et renfermé dans *sa* maison.
Contemnebat Murenam ;	Il méprisait Muréna ;
numerabat Sulpicium	il regardait Sulpicius
suum accusatorem,	*comme* son accusateur,
non competitorem ;	non *comme son* compétiteur ;
denuntiabat ei vim ;	il déclarait à lui la guerre ;
minabatur reipublicæ.	il menaçait la république.

XXV. 50. Quibus rebus, qui timor bonis omnibus injectus
sit, quantaque desperatio reipublicæ, si ille factus esset, nolite a me commoneri velle; vosmetipsi vobiscum recordamini.
Meministis enim, quum illius nefarii gladiatoris voces percrebuissent, quas habuisse in concione domestica dicebatur,
quum miserorum fidelem defensorem negasset inveniri posse,
nisi eum, qui ipse miser esset; integrorum, et fortunatorum
promissis saucios, et miseros credere non oportere; quare
qui consumpta replere, erepta recuperare vellent, spectarent
quid ipse deberet, quid possideret, quid auderet; minime
timidum, et valde calamitosum esse oportere eum, qui esset
futurus dux et signifer calamitosorum.

51. Tum igitur, his rebus auditis, meministis fieri senatusconsultum, referente me, ne postero die comitia haberentur,

XXV. 50. Dans de semblables conjonctures, quel eût été l'effroi de
tous les gens de bien et le désespoir de la république, s'il avait obtenu le consulat? N'exigez pas que je vous en retrace le tableau; in-
terrogez vos propres souvenirs. Rappelez-vous, en effet, le temps où
se répandirent dans Rome les discours que cet infâme gladiateur avait
tenus au milieu d'une assemblée secrète dans sa maison; les pauvres, avait-il dit, ne peuvent trouver de défenseur fidèle que dans
un pauvre comme eux; les promesses des puissants et des riches ne
doivent inspirer aucune confiance aux faibles et aux misérables;
qu'ainsi, ceux qui veulent se dédommager de ce qu'ils ont perdu,
reprendre ce qu'on leur a enlevé, considèrent ce que je dois moi-
même, ce que je possède et ce que j'ose; à des misérables il faut
pour chef et pour guide un homme qui n'ait rien à craindre ni rien
à perdre.

51. C'est alors, vous vous en souvenez, qu'informé de ces bruits,
je fis rendre un sénatus-consulte pour empêcher les comices du len-

XXV. 50. Nolite velle
commoneri a me
qui timor sit injectus
omnibus bonis
quibus rebus,
quantaque desperatio
reipublicæ,
si ille esset factus;
vosmetipsi
recordamini vobiscum.
Meministis enim,
quum voces
illius gladiatoris nefarii
percrebuissent,
quas dicebatur habuisse
in concione domestica,
quum negasset
defensorem fidelem
miserorum
posse inveniri,
nisi eum,
qui ipse esset miser;
non oportere
saucios, et miseros
credere promissis
integrorum,
et fortunatorum;
quare qui vellent
replere consumpta,
recuperare erepta,
spectarent
quid ipse deberet,
quid possideret
quid auderet;
oportere eum,
qui futurus esset dux
et signifer calamitosorum
esse minime timidum,
et valde calamitosum.
51. Tum igitur,
his rebus auditis,
meministis
senatusconsultum fieri,
me referente
ne comitia
haberentur die postero,
ut possemus

XXV. 50. N'allez-pas vouloir (exiger)
être rappelé par moi
quel effroi fut inspiré
à tous les *gens-de-bien*
par ces circonstances,
et quel désespoir
c'eût été pour la république,
si celui-ci eût été fait *consul;*
vous-mêmes
rappelez-vous-*le.*
Vous vous souvenez en effet,
lorsque les paroles
de ce gladiateur infâme
furent répandues,
lesquelles il était dit avoir prononcées
dans une réunion domestique,
lorsqu'il niait
un défenseur fidèle
des malheureux
pouvoir être trouvé,
si ce n'est cet *homme,*
qui lui-même était malheureux;
ne pas falloir
des blessés, et des misérables
croire aux promesses
des *gens* intacts,
et fortunés;
qu'ainsi *ceux* qui voulaient
réparer *ce qu'ils avaient* épuisé,
recouvrer *ce qu'on leur avait* enlevé,
considérassent
ce que lui-même devait,
ce qu'il possédait,
ce qu'il osait;
qu'il fallait celui,
qui devait être le chef
et le porte-étendard des misérables,
être pas du tout timide,
et très-misérable.
51. Alors donc,
ces détails étant appris,
vous vous souvenez
un sénatus-consulte avoir été rendu,
moi rapportant,
pour que les comices
n'eussent-pas-lieu le jour suivant,
afin que nous pussions

ut de his rebus in senatu agere possemus. Itaque postridie,
frequenti senatu, Catilinam excitavi, atque eum de his rebus
jussi, si quid vellet, quæ ad me allatæ essent, dicere. Atque
ille, ut semper fuit apertissimus, non se purgavit, sed indi-
cavit, atque induit : tum enim dixit, duo corpora esse reipublicæ, unum debile, infirmo capite : alterum firmum, sine
capite : huic, quum ita de se meritum esset, caput, se vivo,
non defuturum. Congemuit senatus frequens, neque tamen
satis severe, pro rei indignitate, decrevit. Nam partim ideo
fortes in decernendo non erant, quia nihil timebant; partim,
quia timebant. Tum erupit e senatu, triumphans gaudio,
quem omnino vivum illinc exire non oportuerat, præsertim
quum idem ille in eodem ordine paucis diebus ante, Catoni,
fortissimo viro, judicium minitanti ac denuntianti, respondis-

demain et donner au sénat le temps de délibérer. Le jour suivant,
devant une assemblée nombreuse, j'interpellai Catilina et lui or-
donnai de répondre, s'il le pouvait, sur les faits qui m'étaient dé-
noncés. Lui, avec cette audace qu'il eut toujours, loin de se dis-
culper, avoua tout et s'en fit gloire. Car ce fut alors qu'il prononça
ces paroles : « La république a deux corps, l'un faible, avec une tête
faible aussi; l'autre vigoureux, mais sans tête; et la reconnaissance
que je lui dois me force à lui en servir tant que je vivrai. » De nombreux murmures se firent entendre, mais la sévérité de l'arrêt ne ré-
pondit pas à l'indignité du coupable. D'un côté la confiance, de
l'autre la pusillanimité ne permirent pas une résolution énergique.
Alors il s'élança hors du sénat, dans la joie du triomphe, lui qu'il
n'aurait pas fallu en laisser sortir vivant, surtout après la réponse
que peu de jours auparavant il avait faite à Caton devant la même
assemblée : ce courageux citoyen le menaçant de le dénoncer et de
porter une accusation contre lui : « Si l'on met le feu, dit-il, à l'édi-

agere in senatu	délibérer dans le sénat
de his rebus.	sur ces circonstances.
Itaque postridie,	C'est pourquoi le lendemain,
senatu frequenti,	le sénat *étant* nombreux,
excitavi Catilinam,	je fis-lever Catilina,
atque jussi eum dicere,	et j'ordonnai lui répondre,
si vellet quid,	s'il voulait *répondre* quelque chose,
de his rebus,	sur ces faits,
quæ essent allatæ ad me.	qui avaient été rapportés à moi.
Atque, ut ille	Et, comme celui-ci
fuit semper apertissimus,	fut toujours très-audacieux,
non purgavit se,	il ne défendit pas soi,
sed indicavit,	mais fit-connaître *sa fureur*,
atque induit :	et s'*en* enveloppa (s'en fit gloire) :
tum enim dixit,	car alors il dit,
duo corpora	deux corps
esse reipublicæ,	être à la république,
unum debile,	l'un faible,
capite infirmo :	avec une tête débile :
alterum firmum,	l'autre fort,
sine capite :	sans tête :
caput non defuturum huic,	une tête ne pas devoir manquer à celui-ci,
se vivo,	lui vivant,
quum meritum esset	puisqu'il avait mérité
de se ita.	de lui ainsi (ce service).
Senatus frequens	Le sénat en-majorité
congemuit,	gémit,
neque tamen	et néanmoins
decrevit satis severe,	il ne décréta pas assez sévèrement,
pro indignitate rei.	pour l'indignité de *cette* conduite.
Nam non erant fortes	Car ils n'étaient pas énergiques
in decernendo,	en portant-un-décret,
partim,	les uns,
ideo quia timebant nihil;	parce qu'ils ne craignaient rien ;
partim, quia timebant.	les autres, parce qu'ils avaient-peur.
Tum erupit e senatu,	Alors il s'élança hors du sénat,
triumphans gaudio,	triomphant de joie,
quem non oportuerat	*lui* qu'il n'aurait pas fallu
exire illinc	*laisser* se retirer de là
vivum omnino,	vivant encore,
præsertim quum ille idem	surtout lorsque ce même *homme*
in eodem ordine,	dans la même réunion,
paucis diebus ante,	peu de jours auparavant,
respondisset Catoni,	avait répondu à Caton,
viro fortissimo,	homme très-courageux,
minitanti judicium	*le* menaçant d'un jugement
ac denuntianti,	et *le* dénonçant,

set, si quod esset in suas fortunas incendium excitatum, id se non aqua, sed ruina restincturum [1].

XXVI. 52. His tum rebus commotus, et quod homines jam tum conjuratos cum gladiis in campum deduci a Catilina sciebam, descendi in campum cum firmissimo præsidio fortissimorum virorum, et cum illa lata insignique lorica, non quæ me tegeret (etenim sciebam Catilinam non latus, aut ventrem, sed caput, et collum solere petere), verum ut omnes boni animadverterent, et quum in metu et periculo consulem viderent, id quod est factum, ad opem præsidiumque meum concurrerent. Itaque quum te, Servi, remissiorem in petendo putarent, Catilinam et spe et cupiditate inflammatum viderent, omnes, qui illam ab republica pestem depellere cupiebant, ad Murenam se statim contulerunt.

53. Magna est autem comitiis consularibus repentina voluntatum inclinatio, præsertim quum incubuit ad virum bonum,

lice de ma fortune, ce n'est pas avec de l'eau, mais sous des ruines que je l'éteindrai. »

XXVI. 52. Effrayé de cette conduite, et sachant déjà que, par les ordres de Catilina, des conjurés se rendaient en armes au champ de Mars, je m'y transportai moi-même avec une escorte nombreuse de citoyens résolus, couvert d'une large et brillante cuirasse, non pour me protéger (car je savais que ce n'était pas aux flancs ni à la poitrine, mais à la tête et à la gorge que Catilina portait d'ordinaire ses coups), mais pour montrer à tous les gens de bien, quand ils s'apercevraient des craintes et des dangers du consul, qu'ils devaient se réunir, comme ils l'ont fait, pour me prêter aide et secours. Voilà pourquoi, Servius, lorsqu'on vit que vous ralentissiez vos démarches et que Catilina s'enflammait d'espoir et d'ambition, tous ceux qui voulaient détourner de la république ce fléau, se rangèrent aussitôt du côté de Muréna.

53. Or, dans les comices consulaires, c'est une grande force que celle de l'entraînement soudain des opinions, surtout quand il se

si quod incendium | si quelque incendie
esset excitatum | était allumé
in suas fortunas, | contre sa fortune,
se restincturum id | soi devoir éteindre lui
non aqua, sed ruina. | non avec de l'eau, mais sous des ruines.

XXVI. 52. Tum | XXVI. 52. Alors
commotus his rebus, | effrayé de ces excès,
et quod sciebam | et parce que je savais
homines conjuratos | des hommes conjurés
deduci jam tum | être conduits déjà alors
in campum | dans le champ-*de-Mars*
cum gladiis a Catilina, | avec des armes par Catilina,
descendi in campum | j'allai au champ-*de-Mars*
cum præsidio firmissimo | avec l'escorte imposante
virorum fortissimorum, | des hommes les plus courageux,
et cum illa lorica | et avec cette cuirasse
lata insignique, | large et apparente,
non quæ tegeret me | non pour qu'elle protégeât moi
(etenim sciebam | (car je savais
Catilinam solere petere | Catilina avoir-coutume d'attaquer
nón latus aut ventrem, | non le flanc ou le ventre,
sed caput, et collum), | mais la tête, et le col),
verum ut omnes boni | mais pour que tous les *gens* de-bien
animadverterent, | *la* remarquassent,
et quum viderent | et lorsqu'ils verraient
consulem | le consul
in metu et periculo, | en défiance et *en* danger,
id quod est factum, | ce qui arriva,
concurrerent ad opem | courussent à *mon* aide
meumque præsidium. | et à ma défense.
Itaque quum putarent | C'est pourquoi comme ils pensaient
te, Servi, | toi, Servius,
remissiorem in petendo, | trop ralenti dans *ta* demande,
viderent Catilinam | *qu'*ils voyaient Catilina
inflammatum | enflammé
et spe et cupiditate, | et d'espérance et d'ambition,
omnes, qui cupiebant | tous *ceux* qui désiraient
depellere illam pestem | détourner ce fléau
ab republica, | de la république,
contulerunt se statim | tournèrent eux aussitôt
ad Murenam. | du côté de Muréna.

53. Inclinatio autem | 53. Mais l'entraînement
repentina | soudain
voluntatum | des volontés
est magna | est grand
comitiis consularibus, | dans les comices consulaires,
præsertim quum incubuit | surtout lorsqu'il tombe

et multis aliis adjumentis petitionis ornatum. Qui quum honestissimo patre atque majoribus, modestissima adolescentia,
clarissima legatione, prætura probata in jure, grata in mu-
nere, ornata in provincia, petisset diligenter, et ita petisset,
ut neque minanti cederet, neque cuiquam minaretur; huic
mirandum est magno adjumento Catilinæ subitam spem consulatus adipiscendi fuisse?

CONTENTIONIS TERTIA PARS.

54. Nunc mihi tertius ille locus est orationis de ambitus criminibus [1], perpurgatus ab iis, qui ante me dixerunt; a me,
quoniam ita Murena voluit, retractandus : quo in loco Postumio, familiari meo, ornatissimo viro, de divisorum indiciis [2],
et de deprehensis pecuniis; adolescenti ingenioso et bono,
Ser. Sulpicio, de equitum centuriis; M. Catoni, homini in

---

porte sur un homme de bien, et dont la candidature réunit beaucoup
d'autres titres encore. Qui, né du père et des aïeux les plus honorables, recommandé par une jeunesse irréprochable, par une lieutenance
d'un grand éclat, par une préture, où dans une province privilégiée
il avait fait approuver sa justice et chérir sa libéralité, demande le consulat avec ardeur, sans céder aux menaces de ses compétiteurs et sans
les menacer lui-même : est il surprenant qu'un tel homme ait été
puissamment servi par l'espoir subit que Catilina conçut d'arriver au
consulat ?

TROISIÈME PARTIE DE LA DISCUSSION.

54. J'arrive maintenant à cette troisième partie de la cause, consacrée aux imputations de brigue; elle a été déjà réfutée par ceux
qui se sont fait entendre avant moi, et je ne la reprends que pour
céder au vœu de Muréna. Ici je répondrai à Postumius, citoyen des
plus distingués et mon ami, sur les dénonciations des distributeurs
et les sommes qu'on a surprises entre leurs mains; à Servius Sulpicius, jeune homme plein de talent et de vertus, sur les centuries
des chevaliers; à M. Caton, citoyen éminent à tous les titres, sur

ad virum bonum,	sur un citoyen honnête,
et ornatum	et recommandé
aliis adjumentis multis	par d'autres aides nombreuses
petitionis.	de sa demande.
Qui patre honestissimo	Qui né d'un père très-honorable
atque majoribus,	et d'aïeux aussi distingués,
adolescentia modestissima,	et après la jeunesse la plus sage,
legatione clarissima,	la lieutenance la plus brillante,
prætura probata in jure,	une préture estimée pour sa justice,
grata in munere,	aimée pour ses fêtes,
in provincia ornata,	dans une province considérable,
quum petisset	après qu'il eut demandé le consulat
diligenter,	avec-zèle,
et petisset ita,	et qu'il l'eut demandé de façon,
ut neque cederet	qu'il ne cédât pas
minanti,	à quelqu'un le menaçant,
neque minaretur cuiquam;	et qu'il ne menaçât personne;
est mirandum	est-il étonnant
spem subitam Catilinæ	l'espoir subit de Catilina
consulatus adipiscendi	du consulat devant être obtenu,
fuisse huic	avoir été à celui-ci
magno adjumento?	à grand secours?

TERTIA PARS	TROISIÈME PARTIE
CONTENTIONIS.	DE LA DISCUSSION.

54. Nunc est mihi	54. Maintenant s'offre à moi
ille tertius locus	cette troisième partie
orationis	du discours
de criminibus ambitus,	sur l'accusation de brigue,
perpurgatus ab iis,	repoussée par ceux,
qui dixerunt ante me;	qui ont parlé avant moi,
retractandus a me,	qui doit être encore-traitée par moi,
quoniam Murena	puisque Muréna
voluit ita :	l'a voulu ainsi :
in quo loco,	sur ce point,
respondebo Postumio,	je répondrai à Postumius,
meo familiari,	mon ami,
viro ornatissimo,	homme très-distingué,
de indiciis divisorum,	sur les révélations des distributeurs,
et de pecuniis deprehensis;	et sur les sommes saisies sur eux;
Ser. Sulpicio,	à Ser. Sulpicius,
adolescenti ingenioso	jeune-homme de-talent
et bono,	et vertueux,
de centuriis equitum;	sur les centuries des chevaliers;
M. Catoni,	à M. Caton,

omni virtute excellenti, de ipsius accusatione, de senatusconsulto, de republica respondebo.

XXVII. 55. Sed pauca, quæ meum animum repente mo-
verunt, prius de L. Murenæ fortuna conquerar. Nam quum
sæpe antea, judices, et ex aliorum miseriis, et ex meis curis
laboribusque quotidianis, fortunatos eos homines judicarem
qui remoti a studiis ambitionis, otium ac tranquillitatem vitæ
secuti sunt; tum vero in his L. Murenæ tantis, tamque impro-
visis periculis ita sum animo affectus, ut non queam satis
neque communem omnium nostrum conditionem, neque hujus
eventum fortunamque miserari : qui primum dum ex honoribus continuis familiæ, majorumque suorum, unum adscendere
gradum dignitatis ¹ conatus est, venit in periculum, ne et ea,
quæ relicta, et hæc, quæ ab ipso parta sunt, amittat; deinde
propter studium novæ laudis, etiam in veteris fortunæ discrimen adducitur.

son rôle d'accusateur, sur le sénatus-consulte, sur les intérêts de la
république.

XXVII. 55. Mais laissez-moi d'abord vous exprimer en quelques
mots le sentiment douloureux que vient de soulever dans mon âme
le sort de Muréna. Souvent déjà, juges, les misères des autres,
aussi bien que mes propres soucis et mes fatigues de tous les jours,
m'avaient fait regarder comme heureux les hommes qui, dégagés des
soins de l'ambition, mènent une vie calme et tranquille; mais les
dangers si graves et si soudains de Muréna me frappent tellement aujourd'hui, que je ne puis déplorer assez, avec le malheur de notre
condition commune, la destinée particulière de mon ami. La première fois que pour ajouter aux dignités dont sa famille et ses ancêtres ont toujours été revêtus, il cherche à s'élever d'un degré de
plus, il s'expose à perdre à la fois et le rang qui lui fut transmis et
celui qu'il s'est acquis lui-même, et l'ambition d'une nouvelle gloire
lui fait compromettre son ancienne existence.

homini excellenti	homme supérieur
in omni virtute,	dans tous les mérites,
de accusatione ipsius,	sur l'accusation de lui-même,
de senatusconsulto,	sur le sénatus-consulte,
de republica.	sur la république.
XXVII. 55. Sed prius,	XXVII. 55. Mais auparavant,
conquerar pauca,	j'exprimerai quelques *regrets*,
quæ moverunt repente	qui ont touché tout à coup
meum animum,	mon âme,
de fortuna L. Murenæ.	à propos du sort de L. Muréna.
Nam, judices,	Car, juges,
quum sæpe antea,	lorsque souvent autrefois,
et ex miseriis aliorum,	et par les misères des autres,
et ex meis curis	et par mes soucis
laboribusque quotidianis,	et *mes* travaux journaliers,
judicarem fortunatos	je trouvais heureux
eos homines, qui	ces hommes, qui
remoti a studiis ambitionis,	éloignés des soins de l'ambition,
secuti sunt otium	se sont abandonnés au loisir
ac tranquillitatem vitæ;	et à la tranquillité de la vie ;
tum vero	alors aussi
in his periculis tantis,	dans ces périls si grands,
tamque improvisis	et si imprévus
L. Murenæ	de L. Muréna
sum affectus animo ita,	j'ai été affecté dans l'âme tellement,
ut non queam miserari satis	que je ne puis déplorer assez
neque conditionem	ni la condition
communem	commune
nostrum omnium,	de nous tous,
neque eventum	ni la chance
fortunamque hujus;	et la destinée de celui-ci,
qui primum,	qui d'abord,
dum conatus est,	pendant qu'il s'est efforcé,
ex honoribus continuis	des honneurs successifs
familiæ,	de *sa* famille,
suorumque majorum,	et de ses ancêtres,
adscendere unum gradum	de monter un degré
dignitatis,	de dignité,
venit in periculum,	est tombé dans le danger,
ne amittat et ea,	de perdre et ces *distinctions*,
quæ relicta,	qui *lui ont été* laissées,
et hæc, quæ sunt parta	et celles, qui ont été acquises
ab ipso ;	par lui-même ;
deinde propter studium	ensuite à cause de l'ambition
novæ laudis,	d'une nouvelle gloire,
adducitur in discrimen	il est exposé au danger
etiam veteris fortunæ.	de *perdre* même *son* ancienne fortune

56. Quæ quum sunt gravia, judices, tum illud acerbissimum est, quod habet eos accusatores, non qui odio inimicitiarum ad accusandum, sed qui studio accusandi ad inimicitias descenderent. Nam, ut omittam Ser. Sulpicium, quem
intelligo non injuria L. Murenæ, sed honoris contentione permotum; accusat paternus amicus, Cn. Postumius, vetus, ut
ait ipse, vicinus, ac necessarius; qui necessitudinis causas
complures protulit, simultatis nullam commemorare potuit;
accusat Ser. Sulpicius, sodalis filii, cujus ingenio paterni
omnes necessarii munitiores esse debebant : accusat M. Cato,
qui quanquam a Murena nulla re unquam alienus fuit, tamen
ea conditione nobis erat in hac civitate natus, ut ejus opes et
ingenium præsidio multis etiam alienissimis, vix cuiquam inimico exitio esse deberent.

57. Respondebo igitur Postumio primum, qui nescio quo

56. Ce qui rend ce malheur plus cruel encore, juges, c'est d'avoir
pour accusateurs des hommes qui n'ont point pris ce rôle pour satis-
faire à des inimitiés personnelles, mais qui se sont faits ses ennemis
par zèle pour l'accusation. Car, pour ne rien dire de Ser. Sulpicius,
animé, je le sais, contre Muréna non pas par une injure personnelle,
mais par un motif de rivalité, je lui vois pour accusateurs : un ami
de son père, Cn. Postumius, un ancien voisin, comme il le dit lui-
même, un intime de sa famille, qui a produit bien des motifs de liai-
son entre eux, et aucun de mésintelligence; puis Ser. Sulpicius, un
compagnon de son fils, dont le talent devrait protéger de préférence
tous les amis de son père; enfin M. Caton, qui d'une part n'a jamais
cessé d'être en rapports avec Muréna, et de l'autre semblait avoir été
donné à Rome pour protéger par sa puissance et son génie les citoyens qui lui seraient le plus indifférents, sans pouvoir nuire même à
un ennemi.

57. Je répondrai donc d'abord à Postumius, qui, je ne sais com-

56. Judices,
quum quæ sunt gravia,
illud tum
est acerbissimum,
quod habet
accusatores eos,
non qui descenderent
ad accusandum
odio inimicitiarum,
sed qui ad inimicitias
studio accusandi.
Nam, ut omittam
Ser. Sulpicium,
quem intelligo permotum
non injuria L. Murenæ,
sed contentione honoris;
amicus paternus accusat,
Cn. Postumius,
vetus vicinus, ut ait ipse,
ac necessarius;
qui protulit
causas complures
necessitudinis,
potuit commemorare
nullam simultatis;
Ser. Sulpicius accusat,
sodalis filii,
ingenio cujus
omnes necessarii paterni
debebant esse munitiores :
M. Cato accusat,
qui quanquam
fuit unquam alienus
a Murena nulla re,
tamen erat natus nobis
in hac civitate
ea conditione,
ut opes et ingenium ejus
deberent esse
præsidio multis
etiam alienissimis,
exitio,
vix cuiquam inimico.
57. Respondebo igitur
primum Postumio,
qui nescio quo pacto
videtur mihi

56. Juges,
si ces *disgrâces* sont grandes,
cela aussi
est bien cruel,
qu'il ait
des accusateurs tels,
non qui *en* soient venus
à *l'*accuser
par la haine des inimitiés,
mais qui *en soient venus* aux inimitiés
par zèle pour accuser.
Car, pour ne-rien-dire
de Ser. Sulpicius,
que je vois animé
non par une injure de L. Muréna,
mais par la rivalité des honneurs;
un ami paternel est-accusateur,
Cn. Postumius,
un ancien voisin, comme il *le* dit lui-même,
et ami-intime ;
qui a fait-connaître
des motifs nombreux
d'intimité,
n'a pu *en* citer
aucun de haine ;
Ser. Sulpicius est-accusateur,
un compagnon de *son* fils,
par le talent duquel
tous les amis paternels
devaient être plutôt-soutenus :
M. Caton est-accusateur,
lui qui outre que
il *ne* fut jamais hostile
à Muréna en aucune circonstance,
était né d'ailleurs à nous
dans cette ville
pour cette destination,
que la puissance et le génie de lui
devaient être
à secours à beaucoup de *gens*
même aux plus étrangers,
à perte,
pas même à aucun ennemi.
57. Je répondrai donc
d'abord à Postumius,
qui je ne-sais par quel motif
semble à moi

pacto mihi videtur prætorius candidatus in consularem,
quasi desultorius [1] in quadrigarum curriculum incurrere: cujus
competitores si nihil deliquerunt, dignitati eorum concessit,
quum petere destitit; sin autem eorum aliquis largitus est,
expetendus amicus est, qui alienam potius injuriam, quam
suam persequatur.....

XXVIII. 58. Venio nunc ad M. Catonem, quod est firmamentum ac robur totius accusationis : qui tamen ita gravis est
accusator et vehemens, ut multo magis ejus auctoritatem [2],
quam criminationem pertimescam. In quo ego accusatore,
judices, primum illud deprecabor, ne quid L. Murenæ dignitas illius, ne quid exspectatio tribunatus [3], ne quid totius vitæ
splendor et gravitas noceat : denique ne ea soli huic obsint
bona M. Catonis, quæ ille adeptus est, ut multis prodesse posset. Bis consul fuerat P. Africanus [4], et duos terrores hujus

---

ment, de candidat prétorien qu'il était, s'attaque à un candidat consulaire, comme un voltigeur qui saute d'un cheval sur un quadrige :
si ses compétiteurs sont irréprochables, il a rendu hommage à leur mérite en se désistant; mais, si quelqu'un d'eux est coupable de brigues,
il faut désirer d'avoir pour ami un homme qui poursuit les injures des
autres plutôt que les siennes....

XXVIII. 58. J'en viens à présent à M. Caton, le soutien et la force
de l'accusation tout entière, mais qui, malgré la gravité et la véhé-
mence de ses imputations, m'effraye beaucoup plus par l'autorité qu'il
y apporte que par les preuves dont il les appuie. En présence d'un
semblable accusateur, je vous supplierai d'abord, juges, de ne voir
dans son mérite, dans son titre de tribun désigné, dans l'éclat et la
considération dont toute sa vie est entourée, rien qui puisse porter
préjudice à Muréna : ensuite, de ne pas vouloir que Caton fasse servir à la perte d'un seul les talents qu'il s'est donnés pour être utile au
plus grand nombre. Scipion l'Africain avait été deux fois consul, il
avait anéanti les deux terreurs de cet empire, Carthage et Numance,

candidatus prætorius	candidat prétorien
incurrere	se lancer
in consularem,	sur un *candidat* consulaire,
quasi desultorius	comme un *cavalier* sauteur
in curriculum	sur un char
quadrigarum :	attelé-de-quatre-chevaux :
si competitores cujus	si les compétiteurs de lui
deliquerunt nihil,	n'ont commis aucune *faute,*
concessit	il a fait-hommage
dignitati eorum,	à la considération d'eux,
quum destitit petere;	lorsqu'il a cessé de *les* attaquer;
sin autem aliquis eorum	si au contraire quelqu'un d'eux
largitus est,	a fait-des-largesses,
expetendus est amicus,	il doit être ambitionné *pour* ami,
qui persequatur	*celui* qui poursuit
injuriam alienam	l'injure d'un-autre
potius, quam suam....	plutôt que la sienne....

XXVIII. 58. Venio nunc ad M. Catonem, quod est firmamentum ac robur totius accusationis : qui tamen est accusator ita gravis et vehemens, ut pertimescam multo magis auctoritatem ejus, quam criminationem. In quo accusatore, ego, judices, deprecabor primum illud, ne dignitas illius noceat quid L. Murenæ, ne exspectatio tribunatus quid, ne splendor totius vitæ et gravitas quid; denique ne ea bona M. Catonis, quæ ille adeptus est, ut posset prodesse multis, obsint huic soli. P. Africanus fuerat bis consul, et deleverat duos terrores

XXVIII. 58. J'arrive maintenant à M. Caton, ce qui est l'appui et la force de toute l'accusation : *lui* qui d'ailleurs est un accusateur si imposant et *si* passionné, que je redoute beaucoup plus l'autorité de lui, que *son* accusation. A propos de cet accusateur, moi, juges, je *vous* adresserai d'abord cette *prière,* que la considération de lui ne nuise en rien à L. Muréna, que *son* attente du tribunat *ne lui nuise* en rien, que l'éclat de toute *sa* vie et *sa* gravité *ne lui nuisent* en rien ; enfin que ces avantages de M. Caton, qu'il a acquis, pour qu'il pût être-utile à beaucoup d'*hommes,* ne nuisent pas à celui-là seul. P. l'Africain avait été deux-fois consul, et avait détruit les deux objets-de-terreur

imperii, Carthaginem , Numantiamque deleverat, quum accu-
savit L. Cottam : erat in eo summa eloquentia, summa fides,
summa integritas, auctoritas tanta, quanta in ipso imperio
populi romani , quod illius opera tenebatur. Sæpe hoc majores
natu dicere audivi, hanc accusatoris eximiam dignitatem plu-
rimum L. Cottæ profuisse. Noluerunt sapientissimi homines,
qui tum rem illam judicabant, ita quemquam cadere in judicio, ut nimiis adversarii viribus abjectus videretur.

59. Quid ? Ser. Galbam (nam traditum memoriæ est) nonne
proavo tuo, fortissimo atque florentissimo viro, M. Catoni,
incumbenti ad ejus perniciem, populus romanus eripuit ?
Semper in hac civitate nimis magnis accusatorum opibus et
populus universus, et sapientes, ac multum in posterum
prospicientes judices restiterunt. Nolo accusator in judicium

lorsqu'il accusa L. Cotta; il se distinguait éminemment par l'éloquence, la justice et l'intégrité; il possédait une autorité égale à celle
du peuple romain qui était son ouvrage. J'ai souvent entendu dire à
nos anciens que le mérite extraordinaire de l'accusateur avait été d'un
grand secours à l'accusé. Les sages, qui jugeaient dans cette cause, ne
voulurent pas qu'un citoyen parût succomber sous la trop grande
puissance du crédit de son adversaire.

59. Et Ser. Galba? l'histoire ne nous apprend-elle pas qu'il fut
soustrait par le peuple à la poursuite de M. Caton, votre illustre bisaïeul, qui s'acharnait à sa perte? Toujours, dans cette république, la
trop grande puissance des accusateurs a rencontré des obstacles de la
part de tout le peuple et de la sagesse prévoyante des juges. Je ne
veux pas qu'un accusateur apporte en justice l'influence du pouvoir,

hujus imperii,	de cet empire,
Carthaginem,	Carthage,
Numantiamque,	et Numance,
quum accusavit L. Cottam :	lorsqu'il accusa L. Cotta
summa eloquentia	une haute éloquence
erat in eo,	brillait en lui,
summa fides,	une extrême loyauté,
summa integritas,	une extrême intégrité,
auctoritas tanta,	une autorité aussi grande,
quanta in imperio ipso	que *celle* dans (de) l'empire lui-même
populi romani,	du peuple romain,
quod tenebatur	*empire* qui était soutenu
opera illius.	par les services de lui.
Audivi sæpe	J'ai entendu souvent
majores natu dicere hoc,	*nos* ancêtres dire ceci,
hanc dignitatem eximiam	cette élévation extrême
accusatoris	de l'accusateur
profuisse plurimum	avoir servi beaucoup
L. Cottæ.	à L. Cotta.
Homines sapientissimi,	Les hommes très-sages,
qui judicabant tum	qui jugeaient alors
illam rem,	cette affaire
noluerunt quemquam	ne-voulurent-pas aucun *citoyen*
cadere in judicio,	succomber dans un jugement,
ita ut videretur abjectus	de telle façon qu'il parût renversé
viribus nimiis	par les forces trop-grandes
adversarii.	d'un adversaire.
59. Quid?	59. Eh quoi?
nonne populus romanus	est-ce que le peuple romain
eripuit Ser. Galbam	n'a pas arraché Ser. Galba
(nam est traditum	(car *le fait* a été livré
memoriæ)	à la mémoire)
tuo proavo, M. Catoni,	à ton bisaïeul, M. Caton,
viro fortissimo	homme très-courageux
atque florentissimo,	et très-puissant,
incumbenti	acharné
ad perniciem ejus?	à la perte de lui?
Semper in hac civitate	Toujours dans cette ville
et populus universus,	et le peuple tout-entier,
et sapientes, ac judices	et les sages, et les juges
prospicientes multum	prévoyant beaucoup
in posterum,	pour l'avenir,
restiterunt opibus	résistèrent aux puissances
nimis magnis	trop grandes
accusatorum.	des accusateurs.
Nolo accusator	Je ne-veux-pas qu'un accusateur
afferat in judicium	apporte en justice

potentiam afferat, non vim majorem aliquam , non auctoritatem excellentem , non nimiam gratiam. Valeant hæc omnia
ad salutem innocentium , ad opem impotentium , ad auxilium
calamitosorum : in periculo vero , et in pernicie civium , repudientur. Nam si quis hoc forte dicet , Catonem descensurum ad
accusandum non fuisse, nisi prius de causa judicasset; iniquam legem , judices , et miseram conditionem instituet periculis hominum , si existimabit, judicium accusatoris in reum
pro aliquo præjudicio valere oportere.

XXIX. 60. Ego tuum consilium , Cato, propter singulare
animi mei de tua virtute judicium, vituperare non audeo :
nonnulla in re forsitan conformare , et leviter emendare possim.
Non multa peccas[1], inquit ille fortissimo viro senior magister,
sed, si peccas, te regere possum. At ego te verissime dixerim

ni quelque moyen d'action trop fort, ni une autorité supérieure, ni un
crédit trop grand. Que tous ces avantages servent à sauver l'inno-
cence, à protéger la faiblesse, à secourir le malheur; mais jamais à
l'oppression ou à la perte des citoyens. Car, si quelqu'un venait dire
que Caton ne serait pas descendu au rôle d'accusateur, si la cause
n'était d'avance jugée par lui, ce serait poser un principe injuste et
mettre les accusés dans une triste condition que de vouloir faire de
l'opinion de leur accusateur un préjugé contre eux.

XXIX. 60. L'estime singulière que je fais de vos vertus, Caton, ne
me permet pas de blâmer votre conduite; mais peut-être pourrais-je
la relever sur quelques points et lui adresser de légers reproches :
Vous commettez peu de fautes, dit un maître d'un grand âge à l'illustre
guerrier son élève, *mais, quand vous en faites, je puis vous reprendre.* Je
dois dire, il est vrai, que vous, Caton, vous êtes irréprochable, et que

potentiam,
non aliquam vim majorem,
non auctoritatem
excellentem,
non gratiam nimiam.
Omnia hæc valeant
ad salutem innocentium,
ad opem impotentium,
ad auxilium
calamitosorum :
repudientur vero
in periculo,
et in pernicie civium.
Nam si quis forte
dicet hoc,
Catonem
non descensurum fuisse
ad accusandum,
nisi judicasset
prius de causa;
instituet, judices,
legem iniquam,
et conditionem miseram
periculis hominum,
si existimabit oportere
judicium accusatoris
valere in reum
pro aliquo præjudicio.
 XXIX. 60. Ego, Cato,
non audeo vituperare
tuum consilium,
propter judicium
singulare
mei animi
de tua virtute :
possim forsitan
in nonnulla re
conformare,
et emendare leviter.
Non peccas multa,
inquit ille magister
senior
viro fortissimo;
sed, si peccas,
possum regere te.
At ego dixerim verissime
te peccare nihil,

du pouvoir,
ni quelque influence trop grande,
ni une autorité
supérieure,
ni un crédit excessif.
Que tous ces *avantages* servent
pour le salut des innocents,
pour l'appui des faibles,
pour le secours
des malheureux :
mais qu'ils soient repoussés
pour le danger,
et pour la perte des citoyens.
Car si quelqu'un par hasard
disait ceci,
Caton
n'avoir pas dû descendre
à accuser,
s'il n'avait prononcé
d'abord sur la cause ;
il établirait, juges,
une loi inique,
et une condition misérable
aux risques des citoyens,
s'il pensait falloir
le jugement de l'accusateur
avoir-la-force contre l'accusé
d'une sorte de préjugé.
 XXIX. 60. Moi, Caton,
je n'ose pas blâmer
ta résolution,
à cause de l'estime
singulière
de mon esprit
pour ta vertu :
je pourrais peut-être
sur quelque point
la réformer,
et *la* corriger légèrement.
« Tu ne commets pas beaucoup de *fautes*, »
dit ce maître
avancé-en-âge
au héros le plus brave ;
« mais, si tu *en* commets,
je peux reprendre toi. »
Or moi je dirai avec-sincérité
toi ne faire-de-faute en rien,

peccare nihil, neque ulla in re te esse hujusmodi, ut corrigendus potius, quam leviter inflectendus esse videare. Finxit
enim te ipsa natura [1] ad honestatem, gravitatem, temperantiam, magnitudinem animi, justitiam, ad omnes denique
virtutes magnum hominem et excelsum. Accessit his tot doctrina non moderata, nec mitis, sed ut mihi videtur, paulo
asperior et durior, quam aut veritas, aut natura patiatur. Et
quoniam non est nobis hæc oratio habenda aut cum imperita
multitudine [2], aut in aliquo conventu agrestium, audacius
paulo de studiis humanitatis, quæ et mihi et vobis nota et
jucunda sunt, disputabo.

61. In M. Catone, judices, hæc bona, quæ videmus divina
et egregia, ipsius scitote esse propria : quæ nonnunquam
requirimus, ea sunt omnia non a natura, sed a magistro.
Fuit enim quidam summo ingenio vir, Zeno, cujus inventorum

dans tout ce qui touche à votre conduite, il s'agit plutôt de vous
faire un peu fléchir que de vous corriger. La nature, en effet, vous a
formé pour l'honneur, la gravité, la tempérance, la magnanimité,
la justice et toutes les vertus enfin qui font la prééminence du grand
homme. A ces dons si nombreux est venue s'appliquer une doctrine
qui manque de modération et de douceur, et présente au contraire,
à mon avis, plus de rigueur et de dureté que ne le veulent la vérité
et la nature. Et, puisque je ne parle pas ici devant une multitude
ignorante ou une réunion d'hommes grossiers, je peux discuter avec
un peu plus d'abandon sur une partie des connaissances humaines
que vous connaissez et que vous aimez comme moi.

61. Sachez, juges, que, dans M. Caton, toutes ces qualités supérieures et divines que nous admirons, lui appartiennent en propre;
celles qui nous laissent à désirer quelquefois ne lui viennent pas de
sa nature, mais de son maître. Il y eut, en effet, un homme d'un
très-grand génie, Zénon, dont les sectateurs se nomment stoïciens.

neque te esse in ulla re
hujusmodi,
ut videare
esse corrigendus potius,
quam inflectendus leviter.
Natura enim ipsa
finxit te ad honestatem,
gravitatem, temperantiam,
magnitudinem animi,
justitiam,
denique hominem magnum
et excelsum
ad omnes virtutes.
His tot accessit
doctrina non moderata,
nec mitis,
sed ut videtur mihi,
paulo asperior
et durior,
quam aut veritas,
aut natura patiatur.
Et quoniam hæc oratio
non est habenda nobis
aut cum multitudine
imperita,
aut in aliquo conventu
agrestium,
disputabo
paulo audacius
de studiis humanitatis,
quæ sunt nota et jucunda
et mihi et vobis.
61. Scitote, judices,
hæc bona, quæ videmus
divina et egregia
in M. Catone,
esse propria ipsius:
quæ requirimus
nonnunquam,
ea sunt omnia
non a natura,
sed a magistro.
Fuit enim quidam vir,
Zeno, ingenio summo,
inventorum cujus
æmuli nominantur Stoici.
Sententiæ,

et toi n'être en rien
de telle façon,
que tu paraisses
devoir être corrigé plutôt,
que devant être assoupli légèrement.
La nature en effet elle-même
a formé toi pour l'honneur,
la gravité, la tempérance,
la grandeur d'âme,
la justice,
enfin homme supérieur
et éminent
pour toutes les vertus.
A ces *qualités* si nombreuses s'est jointe
une doctrine non modérée,
ni douce,
mais à ce qu'il semble à moi,
un peu plus rigoureuse
et plus sévère,
que ni la vérité,
ni la nature ne *le* supportent.
Et puisque ce discours
n'est pas à prononcer par moi
ou devant une multitude
ignorante,
ou dans quelque réunion
d'*hommes* grossiers,
je discuterai
un peu plus-avec-assurance
sur les connaissances humaines,
qui sont familières et agréables
et à moi et à vous.
61. Sachez, juges,
ces qualités, que nous voyons
divines et supérieures
dans M. Caton,
appartenir en-propre à lui :
celles que nous critiquons
quelquefois,
celles-là viennent toutes
non de la nature,
mais du maître.
Il y eut en effet un homme,
Zénon, d'un génie élevé,
des dogmes duquel
les disciples sont nommés Stoïciens.
Les principes,

æmuli Stoici nominantur. Hujus sententiæ sunt, et præcepta
ejusmodi : sapientem gratia nunquam moveri, nunquam cu-
jusquam delicto ignoscere : neminem misericordem esse, nisi
stultum et levem : viri non esse, neque exorari, neque placari : solos sapientes esse, si distortissimi sint, formosos ; si
mendicissimi, divites ; si servitutem serviant, reges : nos
autem, qui sapientes non sumus, fugitivos, exsules, hostes,
insanos denique esse dicunt : omnia peccata esse paria : omne
delictum, scelus esse nefarium ; nec minus delinquere eum,
qui gallum gallinaceum, quum opus non fuerit, quam eum,
qui patrem suffocaverit : sapientem nihil opinari, nullius rei
pœnitere, nulla in re falli, sententiam mutare nunquam [1].

    XXX. 62. Hæc homo ingeniosissimus, M. Cato, auctoribus
eruditissimis inductus, arripuit ; neque disputandi causa ut
magna pars, sed ita vivendi. Petunt aliquid publicani ? « Cave

Voici quelques exemples de ses dogmes et de ses préceptes : le sage
est inaccessible à la faveur, et ne pardonne jamais aucune faute ;
la compassion n'est que sottise et folie ; l'homme digne de ce nom ne
se laisse ni toucher ni fléchir ; le sage seul est beau, fût-il difforme,
et riche au sein même de la misère ; fût-il esclave, il est roi ; nous,
qui ne sommes pas des sages, ils nous traitent d'esclaves, d'exilés,
d'ennemis, d'insensés. Toutes les fautes sont égales, tout délit est
un crime odieux ; on n'est pas moins coupable pour tuer un poulet
sans nécessité que pour étrangler son père ; le sage ne doute jamais,
ne se repent de rien, ne change jamais d'avis.

    XXX. 62. Voilà les maximes que le génie éminent de Caton, sé-
duit par les autorités les plus savantes, s'est appropriées non pas
pour disserter, comme tant d'autres, mais pour y conformer sa vie.
Les receveurs publics demandent-ils une remise ? « Gardez-vous de

et præcepta hujus	et les préceptes de cet *homme*
sunt ejusmodi :	sont de cette sorte :
sapientem moveri	le sage n'est touché
nunquam gratia,	jamais par la faveur,
ignoscere nunquam	il ne pardonne jamais
delicto cujusquam :	à la faute de qui-que-ce-soit :
neminem	personne
esse misericordem,	n'est compatissant,
nisi stultum et levem :	si ce n'est le sot et le fou :
non esse viri,	il n'est d'un homme,
neque exorari,	ni de se-laisser-toucher,
neque placari :	ni de se-laisser-fléchir :
sapientes solos	les sages seuls
esse formosos,	sont beaux,
si sin distortissimi ;	quand ils seraient les plus difformes ;
divites,	*ils sont* riches,
si mendicissimi ;	quand *ils seraient* très-pauvres ;
reges,	*ils sont* rois,
si serviant servitutem :	quand ils subiraient la servitude :
nos autem,	quant à nous,
qui non sumus sapientes,	qui ne sommes pas sages,
dicunt esse fugitivos,	ils disent *nous* être des *esclaves* fugitifs,
exsules, hostes,	des exilés, des ennemis,
denique insanos :	enfin des insensés :
omnia peccata esse paria :	toutes les fautes être égales :
omne delictum,	tout délit,
esse scelus nefarium :	être un crime abominable :
nec eum, qui suffocaverit	et celui, qui a étouffé
gallum gallinaceum,	un poulet,
quum opus non fuerit,	quand le besoin n'existait pas,
delinquere minus,	ne pas être-coupable moins,
quam eum, qui patrem :	que celui, qui *a étranglé son* père :
sapientem nihil opinari,	le sage ne rien conjecturer,
pœnitere nullius rei,	ne se repentir de rien,
falli in nulla re,	ne se tromper en rien,
mutare nunquam	ne changer jamais
sententiam.	d'avis.
XXX. 62. M. Cato,	XXX. 62. M. Caton,
homo ingeniosissimus,	homme d'un-grand-génie,
inductus auctoribus	séduit par des autorités
eruditissimis,	si savantes,
arripuit hæc;	s'est emparé de ces *dogmes;*
neque causa disputandi,	non pas pour discuter,
ut magna pars,	comme un grand nombre,
sed vivendi ita.	mais pour vivre d'après *eux.*
Publicani petunt	Les fermiers-publics demandent
aliquid?	quelque chose ?

quidquam habeat momenti gratia. » Supplices aliqui veniunt, miseri et calamitosi? « Sceleratus et nefarius fueris, si quidquam, misericordia adductus, feceris. » Fatetur aliquis se peccasse, et ejus delicti veniam petit? « Nefarium est facinus ignoscere. » At leve delictum est? « Omnia peccata sunt paria. » Dixisti quidpiam? « Fixum et statutum est. » Non reductus es, sed opinione? Sapiens nihil opinatur. Errasti aliqua in re? Maledici putat. Hac ex disciplina nobis illa sunt : « Dixi in senatu me nomen consularis candidati delaturum. » Iratus dixisti? « Nunquam, inquit, sapiens irascitur. At temporis causa? « Improbi, inquit, hominis est, mendacio fallere ; mutare sententiam, turpe est ; exorari, scelus ; misereri, flagitium.

63. Nostri autem illi (fatebor enim, Cato, me quoque in adolescentia, diffisum ingenio meo, quæsisse adjumenta do-

rien accorder à la faveur. » Des malheureux viennent-ils vous supplier? « Ce serait un crime abominable de céder à la moindre compassion. » Un homme avoue sa faute et demande qu'on la lui pardonne? « Il y aurait une faiblesse coupable à le faire. » Mais le délit est léger? « Toutes les fautes sont égales. » Vous est-il échappé un mot? « Il est irrévocable. » Vous avez moins consulté la réalité que l'opinion? « Le sage ne laisse rien à l'opinion. » Lui dit-on qu'il se trompe? il se croit insulté. C'est à cette doctrine que nous devons ce raisonnement : « J'ai déclaré au sénat que j'accuserais un candidat consulaire. » C'est la colère qui vous l'a fait dire? « Jamais, répond-il, le sage ne se met en colère. » Alors c'est la circonstance? « Il n'y a qu'un malhonnête homme qui mente ; se rétracter est une honte, se laisser fléchir est un crime, être compatissant est un vice. »

63. Nos philosophes (car je l'avoue, Caton, dans ma jeunesse aussi, me défiant de mes propres lumières, j'ai cherché le secours

« Cavé gratia habeat quidquam momenti. »

« Prends-garde que la faveur n'ait quelque influence. »

Aliqui supplices miseri et calamitosi veniunt ?

Quelques suppliants pauvres et méprisables se présentent ?

« Fueris sceleratus et nefarius, si feceris quidquam, adductus misericordia. »

« Tu seras un scélérat et un impie, si tu accordes quelque chose, touché par la compassion. »

Aliquis fatetur se peccasse, et petit veniam ejus delicti ?

Un homme avoue soi avoir failli, et demande le pardon de cette faute ?

« Est facinus nefarium ignoscere. »

« C'est un crime horrible de pardonner. »

At delictum est leve.

Mais la faute est légère.

« Omnia peccata sunt paria. »

« Toutes les fautes sont égales. »

Dixisti quidpiam ?

Tu as dit une chose à *quelqu'un* ?

« Est fixum et statutum. »

« C'est constant et irrévocable. »

Non es ductus re, sed opinione ?

Tu n'as pas été décidé par la raison, mais par l'opinion ?

« Sapiens opinatur nihil. »

« Le sage n'a-d'opinion en rien. »

Errasti in aliqua re ?

Tu t'es trompé dans une chose ?

Putat maledici.

Il pense être insulté.

Ex hac disciplina sunt nobis illa :

C'est de cette doctrine *que* viennent à nous ces *axiomes* :

« Dixi in senatu me delaturum nomen candidati consularis. »

« J'ai dit dans le sénat moi devoir déférer le nom d'un candidat consulaire. »

Dixisti iratus ?

Tu *l*'as dit en colère ?

« Sapiens, inquit, nunquam irascitur. »

« Le sage, répond-il, jamais ne se-met-en-colère. »

At causa temporis ?

Mais *c'était* pour la circonstance ?

« Est, inquit, hominis improbi, fallere mendacio ; est turpe, mutare sententiam ; scelus, exorari ; flagitium, misereri. »

« C'est, dit-il, d'un homme malhonnête, de tromper par un mensonge ; il est honteux, de changer d'opinion ; *c'est* un crime, de se-laisser-toucher ; un opprobre, d'avoir-de-la-pitié. »

63. Illi autem homines nostri (fatebor enim, Cato, me quoque in adolescentia, diffisum meo ingenio, quæsisse adjumenta doctrinæ),

63. Mais ces hommes à-nous (car j'avouerai, Caton, moi aussi dans *ma* jeunesse, me défiant de mon génie, avoir cherché les secours de la sagesse),

ctrinæ), ncstri, inquam, illi a Platone, et Aristotele, moderati
homines, et temperati, aiunt, apud sapientem valere aliquando
gratiam : viri boni esse misereri : distincta esse genera delictorum, et dispares pœnas : esse apud hominem constantem
ignoscendi locum : ipsum sapientem sæpe aliquid opinari,
quod nesciat : irasci nonnunquam : exorari eumdem, et placari : quod dixerit, interdum, si ita rectius sit, mutare : de
sententia decedere aliquando : omnes virtutes mediocritate
quadam esse moderatas.

XXXI. 64. Hos ad magistros si qua te fortuna, Cato, cum
ista natura detulisset; non tu quidem vir melior esses, nec
fortior, nec temperantior, nec justior (neque enim esse potes),
sed paulo ad lenitatem propensior. Non accusares nullis adductus inimicitiis, nulla lacessitus injuria, pudentissimum hominem, summa dignitate atque honestate præditum : putares,
quum in ejusdem anni custodia te atque L. Murenam fortuna

de la science), nos philosophes, dis-je, avec la modération et la mesure des principes de Platon et d'Aristote, disent que le sage doit
quelquefois être accessible à la faveur; qu'un homme de bien peut
être compâtissant; qu'il y a des degrés dans les fautes, et par conséquent dans les peines; que le sage lui-même doit souvent douter
quand il ignore; qu'il s'irrite quelquefois, qu'il se laisse fléchir et
apaiser; que dans quelques occasions il revient sur ce qu'il a dit, s'il
s'était trompé; qu'il ne s'obstine pas toujours dans son avis; qu'enfin
toutes les vertus portent un caractère de modération.

XXXI. 64. Si, avec un naturel comme le vôtre, Caton, le hasard
vous eût fait rencontrer de tels maîtres, vous n'auriez pas plus de
vertu, plus de courage, de tempérance et de justice (puisque cela
n'est pas possible), mais vous auriez un peu plus de penchant vers la
douceur; vous n'accuseriez pas, sans aucun motif d'inimitié ou d'injure personnelle, un homme plein de réserve, de mérite et d'hon-

illi, inquam, nostri,
moderati, et temperati
a Platone, et Aristotele,
aiunt, gratiam
valere aliquando
apud sapientem :
esse viri boni
misereri :
genera delictorum
esse distincta,
et pœnas dispares :
locum ignoscendi esse
apud hominem constantem:
sapientem ipsum
sæpe opinari
aliquid, quod nesciat :
irasci nonnunquam :
eumdem exorari,
et placari :
mutare interdum
quod dixerit,
si sit rectius ita :
decedere aliquando
de sententia :
omnes virtutes
esse moderatas·
quadam mediocritate.
XXXI. 64. Cato,
si qua fortuna
detulisset te
cum ista natura
ad hos magistros ;
tu non esses quidem
vir melior, nec fortior,
nec temperantior,
nec justior
(neque enim potes esse),
sed paulo propensior
ad lenitatem.
Non accusares
adductus
nullis inimicitiis,
lacessitus nulla injuria,
hominem pudentissimum,
præditum dignitate
atque honestate summa :
putares,

ces *hommes*, dis-je, à-nous
modérés, et adoucis
par Platon, et Aristote,
disent, la faveur
influer quelquefois
auprès du sage :
être d'un homme de-bien
d'avoir-de-la-pitié :
les genres de fautes
être distincts,
et les peines inégales :
l'occasion de pardonner exister
aux yeux de l'homme ferme :
le sage lui-même
souvent conjecturer
une chose qu'il ne-sait-pas :
s'irriter quelquefois :
le même se-laisser-fléchir,
et se-laisser-apaiser :
changer parfois
ce qu'il a dit,
si *cela* est mieux ainsi :
céder quelquefois
sur *son* opinion :
toutes les vertus
être modérées
par une certaine mesure.
XXXI. 64. Caton,
si quelque hasard
eût fait-arriver toi
avec ce naturel
vers ces maîtres ;
tu ne serais pas à la vérité
un homme meilleur, ni plus courageux
ni plus tempérant,
ni plus juste
(car tu ne peux pas *l'*être),
mais un peu plus enclin
à la douceur.
Tu n'accuserais pas
amené
par aucune inimitié,
poussé par aucune injure,
un homme très-modeste,
recommandé par un mérite
et une probité extrême :
tu aurais pensé,

posuisset, aliquo te, cum hoc, reipublicæ vinculo esse conjunctum : quod atrociter in senatu dixisti , aut non dixisses,
aut seposuisses, aut mitiorem in partem interpretarere.

65. Ac te ipsum (quantum ego opinione auguror) nunc et
animi quodam impetu concitatum, et vi naturæ atque ingenii
elatum, et recentibus præceptorum studiis flagrantem jam usus
flectet, dies leniet, ætas mitigabit. Etenim isti ipsi mihi videntur vestri præceptores et virtutis magistri, fines officiorum paulo
longius, quam natura vellet, protulisse : ut, quum ad ultimum
animo contendissemus, ibi, tamen, ubi oporteret, consisteremus. « Nihil ignoveris. » Immo aliquid, non omnia. « Nihil gratiæ causa feceris : » immo resistito gratiæ, quum officium et
fides postulabit. « Misericordia commotus ne sis. » Etiam, in
dissolvenda severitate : sed tamen est laus aliqua humanitatis.

neur; vous penseriez que le sort en vous préposant tous les deux
la même année, à la garde de l'Etat, vous unissait avec L. Muréna
par une sorte de lien politique; et, ce que vous avez dit avec tant de
dureté dans le sénat, ou vous l'auriez supprimé, ou vous l'auriez
ajourné, ou vous en auriez tiré des conséquences moins sévères.

65. Mais vous-même (si je ne m'abuse), vous qu'emporte aujour-
d'hui l'élan de l'âme, qu'entraîne l'ardeur du caractère et de l'imagination, que dévore le premier enthousiasme d'un disciple, vous
vous sentiez peu à peu fléchir par l'expérience, adoucir par le temps,
calmer par l'âge. C'est qu'en effet, ces précepteurs eux-mêmes que
vous avez pris pour guides, ces maîtres de la vertu, me semblent
avoir porté les bornes de nos devoirs au delà de celles de la nature;
afin que notre esprit, tout en s'efforçant d'y atteindre, s'arrêtât néanmoins à la limite nécessaire. « Vous ne pardonnerez jamais. » C'est-
à-dire quelquefois, mais pas toujours. « Vous n'accorderez rien à la
faveur. » C'est-à-dire soyez sourd à la faveur, quand le devoir et la
justice l'exigent. « Ne vous laissez pas aller à la compassion. » Non,
pas jusqu'à détruire l'autorité des lois, mais sans étouffer tout senti-

quum fortuna posuisset
te atque L. Murenam
in custodia ejusdem anni,
te esse conjunctum cum hoc
aliquo vinculo
reipublicæ :
quod dixisti atrociter
in senatu ,
aut non dixisses,
aut seposuisses,
aut interpretarere
in partem mitiorem.
    65. Ac (quantum ego
auguror opinione)
usus jam flectet,
dies leniet,
ætas mitigabit te ipsum
et concitatum nunc
quodam impetu animi,
et elatum vi naturæ
atque ingenii,
et flagrantem
studiis recentibus
præceptorum.
Etenim isti ipsi
vestri præceptores
et magistri virtutis
videntur mihi protulisse
fines officiorum
paulo longius,
quam natura vellet :
ut, quum contendissemus
animo ad ultimum,
consisteremus tamen,
ibi ubi oporteret.
« Ignoveris nihil. »
Immo aliquid, non omnia.
« Feceris nihil
causa gratiæ : »
immo resistito gratiæ,
quum officium et fides
postulabit.
« Ne sis commotus
misericordia. »
Etiam,
in severitate dissolvenda :
sed tamen est

lorsque le sort avait placé
toi et L. Muréna
pour la garde de la même année,
toi être lié avec lui
par une sorte de lien
de la république (politique) :
ce que tu as dit cruellement
dans le sénat,
ou tu ne l'aurais pas dit,
ou tu l'aurais tenu-en-réserve,
ou tu l'aurais interprété
dans un sens plus adouci.
    65. Et (autant que moi
je le juge dans mon opinion)
l'expérience bientôt fléchira,
le temps adoucira,
l'âge modèrera toi-même
et poussé maintenant
par une sorte d'élan de l'âme,
et emporté par l'énergie du caractère
et de l'imagination,
et enflammé
par l'étude récente
des préceptes
En effet ceux-là eux-mêmes
vos précepteurs
et vos maîtres de vertu
paraissent à moi avoir étendu
les bornes des devoirs
un peu plus loin,
que la nature ne le voulait :
afin que, quand nous tendrions
par l'effort de l'âme vers la perfection,
nous nous arrêtassions cependant,
là où il fallait.
« Tu ne pardonneras rien. »
Non, mais quelques fautes, pas toutes.
« Tu ne feras rien
par motif de faveur : »
non, mais résiste à la faveur,
quand le devoir et la justice
l'exigeront.
« Ne sois pas touché
par la compassion. »
Oui,
jusqu'à la sévérité devant être détruite :
mais il y a pourtant

« In sententia permaneto. » Vero, nisi sententiam sententia alia
vicerit melior.

66. Hujuscemodi Scipio ille[1] fuit, quem non pœnitebat facere idem, quod tu : habere eruditissimum hominem, et pæne
divinum domi; cujus oratione et præceptis, quanquam erant
eadem ista, quæ te delectant, tamen asperior non est factus,
sed (ut accepi a senibus) lenissimus. Quis vero C. Lælio co-
mior? quis jucundior, eodem ex studio isto? quis illo gravior?
sapientior? Possum de L. Philo, de C. Gallo dicere hæc eadem :
sed te domum jam deducam tuam. Quemquamne existimas,
Catone, proavo tuo[2], commodiorem, comiorem, moderatiorem
fuisse, ad omnem rationem humanitatis? de cujus præstanti
virtute quum vere graviterque diceres, domesticum te habere
dixisti exemplum ad imitandum. Est illud quidem exemplum
tibi propositum domi : sed tamen naturæ similitudo illius ad te

ment humain. « Persistez dans votre avis. » Oui, tant qu'un avis
meilleur ne l'emporte pas.

66. Tel fut Scipion, qui se plaisait comme vous à avoir dans son
intimité un homme d'un savoir presque divin, dont les entretiens
et les préceptes, quoiqu'ils fussent les mêmes que ceux qui vous
charment, néanmoins au lieu de le rendre plus sévère, lui inspi-
rèrent, d'après le récit des vieillards, une extrême indulgence. Qui
fut, parmi les stoïciens, plus doux et plus bienveillant que C. Lélius,
et en même temps plus grave et plus sage? J'en puis dire autant de
L. Philippus, de C. Gallus; mais je vous ramènerai dans votre propre famille. Croyez-vous qu'aucun homme se soit montré jamais,
dans toutes les relations sociales, plus tolérant, plus aimable, plus
modéré que M. Caton, votre bisaïeul ; lui dont vous avez dit, en faisant un éloge si vrai et si solennel de sa haute vertu, que vous aviez
un exemple domestique à suivre? Ce modèle, en effet, s'offre à vous
dans votre famille, et la conformité du naturel a pu lui donner

aliqua laus humanitatis. | quelque mérite dans l'humanité.
« Permaneto in sententia. » | « Persiste dans *ton* opinion. »
Vero . | Oui,
nisi alia sententia melior | à moins qu'une autre opinion meilleure
vicerit sententiam. | ne triomphe de *cette* opinion.

66. Ille Scipio | 66. Ce Scipion
fuit hujuscemodi, | fut de-ce-caractère,
quem non pœnitebat | *lui* qui n'était-pas-fâché
facere idem quod tu : | de faire la même chose que toi :
habere domi hominem | d'avoir chez-lui un homme
eruditissimum, | très-instruit,
et pæne divinum ; | et presque divin ;
oratione | par les discours
et præceptis cujus , | et les préceptes duquel ,
quanquam | quoique
erant ista eadem , | *ce* fussent ces mêmes *préceptes* ,
quæ delectant te, | qui charment toi,
tamen non est factus | cependant il ne fut pas rendu
asperior, | trop dur,
sed (ut accepi a senibus) | mais (comme je *l'*ai su des vieillards)
lenissimus. | très-doux.
Quis vero comior | Qui *fut* aussi plus bienveillant
C. Lælio? | que C. Lélius ?
quis jucundior, | qui *fut* plus agréable,
ex isto eodem studio? | *quoique* de cette même secte?
quis gravior illo? | qui *fut* plus grave que lui ?
sapientior? | plus sage *que lui*?
Possum dicere hæc eadem | Je puis dire la même chose
de L. Philo, de C. Gallo : | de L. Philon, de C. Gallus :
sed deducam te jam | mais je ramènerai toi maintenant
tuam domum. | dans ta famille.
Existimasne quemquam | Penses-tu personne
fuisse commodiorem , | avoir été plus indulgent,
comiorem , moderatiorem | plus doux, plus modéré
ad omnem rationem | dans toutes les relations
humanitatis, | de l'humanité,
Catone, tuo proavo? | que Caton, ton bisaïeul?
quum diceres de virtute | lorsque tu parlais de la vertu
præstanti cujus, | remarquable de lui,
vere graviterque | avec-vérité et avec-autorité,
dixisti te habere | tu as dit toi avoir
exemplum domesticum | un exemple domestique
ad imitandum. | à imiter.
Illud quidem exemplum | Cet exemple en effet
est propositum tibi domi : | est offert à toi dans *ta* famille :
sed tamen | mais cependant
similitudo naturæ illíus, | la ressemblance du naturel de lui,

magis, qui ab illo ortus es, quam ad unumquemque nostrum
pervenire potuit : ad imitandum vero tam mihi propositum
exemplar illud est, quam tibi. Sed , si illius comitatem et faci-
litatem tuæ gravitati severitatique adsperseris, non ista quidem erunt meliora, quæ nunc sunt optima, sed certe condita
jucundius.

XXXII. 67. Quare, ut ad id, quod institui, revertar ', tolle
mihi e causa nomen Catonis : remove, ac prætermitte auctoritatem, quæ in judiciis aut nihil valere, aut ad salutem debet
valere : congredere mecum criminibus ipsis. Quid accusas,
Cato? quid affers in judicium? quid arguis? Ambitum accusas?
Non defendo. Me reprehendis, quod idem defendam, quod lege
punierim. Punivi ambitum, non innocentiam. Ambitum vero
ipsum vel tecum accusabo, si voles. Dixisti, senatusconsultum,

sur vous, en vertu des liens du sang, une influence plus puissante
que sur aucun de nous; mais je dois, tout aussi bien que vous
même, me proposer de l'imiter. Si vous mêliez à votre grave austérité quelque chose de sa facile douceur, vos qualités, sans doute, ne
deviendraient pas meilleures, puisqu'elles sont parfaites, mais elles
seraient certainement plus aimables.

XXXII. 67. Ainsi donc, pour en revenir au principe que j'ai posé,
faites disparaître de cette cause le nom de Caton; écartez, sans en
tenir compte, un crédit qui, devant la justice, doit être sans in
fluence ou servir au salut de l'accusé; discutons sur les faits eux
mêmes. Que poursuivez-vous, Caton? que dénoncez-vous? que blâ-
mez-vous? Vous poursuivez la brigue? Je ne la défends pas. Vous me
reprochez de plaider un délit dont j'ai assuré le châtiment par une loi.
J'ai puni le coupable, mais non l'innocent. J'accuserai la brigue de
concert avec vous, si vous le voulez Vous avez dit qu'un sénatus-

potuit pervenire	a pu passer
magis ad te,	plutôt à toi,
qui ortus es ab illo,	qui es descendu de lui,
quam ad unumquemque	qu'à un quelconque
nostrum :	de nous :
illud vero exemplar	néanmoins cet exemple
est propositum	est proposé
ad imitandum	à imiter
tam mihi, quam tibi.	autant à moi, qu'à toi.
Sed, si adsperseris	Mais, si tu répandais
comitatem	la douceur
et facilitatem illius	et la bienveillance de lui
tuæ gravitati	sur ton austérité
severitatique	et la sagesse,
ista, quæ nunc	ces *qualités*, qui maintenant
sunt optima,	sont parfaites,
non erunt quidem meliora,	ne seront pas à la vérité supérieures,
sed certe	mais certainement
condita jucundius.	tempérées plus agréablement.
XXXII. 67. Quare,	XXXII. 67. C'est pourquoi,
ut revertar ad id,	pour que je revienne à ce *principe*,
quod institui,	que j'ai posé,
tolle mihi e causa	ôte-moi de la cause
nomen Catonis :	le nom de Caton :
remove, ac prætermitte	écarte, et oublie
auctoritatem,	un crédit,
quæ debet	qui doit
aut valere nihil	ou ne servir à rien
in judiciis,	dans les jugements,
aut valere ad salutem :	ou servir au salut *des accusés*
congredere mecum	combats avec-moi
criminibus ipsis.	par les accusations mêmes.
Quid accusas, Cato?	Que dénonces-tu, Caton?
quid affers in judicium?	que livres-tu en justice?
quid arguis?	que reproches-tu?
Accusas ambitum?	Tu accuses la brigue?
Non defendo.	Je ne *la* défends pas.
Reprehendis me,	Tu blâmes moi,
quod defendam idem,	parce que je défends cela même,
quod punierim lege.	que j'ai puni par une loi.
Punivi ambitum,	J'ai puni la brigue,
non innocentiam.	non l'innocence.
Accusabo vero	J'accuserai au contraire
ambitum ipsum	la brigue *en* elle-même
vel tecum, si voles.	même avec-toi, si tu *le* veux.
Dixisti,	Tu as dit,
senatusconsultum	un sénatus-consulte

me referente, esse factum, « si mercede córrupti, obviam candidatis issent, si conducti sectarentur, si gladiatoribus vulgo locus tributim, et item prandia si vulgo essent data, contra legem
Calpurniam factum videri. » Ergo ita senatus judicat, contra
legem facta hæc videri, si facta sint : decernit, quod nihil opus
est, dum candidatis morem gerit. Nam factum sit, necne, vehementer quæritur : si factum sit, quin contra legem sit, dubitare
nemo potest.

68. Est igitur ridiculum, quod est dubium, id relinquere incertum : quod nemini dubium potest esse, id judicare. Atque id
decernitur omnibus postulantibus candidatis : ut ex senatusconsulto neque cujus intersit, neque contra quem sit, intelligi
possit. Quare doce, a L. Murena illa esse commissa : tum egomet
met tibi contra legem commissa esse concedam.

consulte a déclaré, sur mon rapport, « que, si des candidats avaient
payé des gens pour venir à leur rencontre, s'ils s'étaient fait suivre
par une escorte soudoyée, s'ils avaient loué des places pour des tribus
entières aux combats de gladiateurs, ou donné des repas au peuple,
ils avaient violé la loi Calpurnia. » D'où il résulte que le sénat déclare
ces faits contraires à la loi, s'ils existent, c'est-à-dire qu'il fait une
déclaration inutile pour plaire aux candidats. Car, ce qu'il importe
d'examiner, c'est si les faits existent ou non; une fois constatés, personne ne doute qu'il y ait contravention.

68. Il est donc ridicule de laisser dans l'incertitude ce dont on
n'est pas sûr, et de prononcer sur ce qui est évident pour tout le
monde. Or, cette déclaration se fait à la demande de tous les candidats, de sorte qu'il est impossible de dire à qui ce sénatus-consulte
est favorable ou contraire. Prouvez donc que Muréna s'est placé
dans les cas prévus, alors je vous accorderai moi-même qu'il a violé
 la loi.

esse factum,
me referente,
« si corrupti mercede,
issent obviam
candidatis,
si conducti sectarentur,
si locus
vulgo tributim
gladiatoribus,
et item si prandia
essent data vulgo,
videri factum
contra legem Calpurniam.»
Ergo senatus judicat ita,
hæc videri
facta contra legem,
si sint facta :
decernit,
quod nihil est opus,
dum gerit morem
candidatis.
Nam quæritur vehementer
factum sit,
necne :
si factum sit,
nemo potest dubitare,
quin sit contra legem.
   68. Est igitur ridiculum,
relinquere incertum
id quod est dubium :
judicare
id quod potest esse
dubium nemini.
Atque id decernitur
omnibus candidatis
postulantibus :
ut possit intelligi
ex senatusconsulto,
neque cujus intersit,
neque contra quem sit.
Quare doce,
illa esse commissa
a L. Murena :
tum egomet
concedam tibi
esse commissa
contra legem.

avoir été rendu,
moi faisant-le-rapport,
« si des *gens* corrompus par l'argent,
étaient allés à-la-rencontre
des candidats,
si des *gens* payés accompagnaient *eux*
si une place *avait été donnée*
au public par-tribus
pour les *combats de* gladiateurs,
et encore si des repas
avaient été donnés au peuple,
cela paraître fait
contre la loi Calpurnia. »
Donc le sénat juge ainsi,
ces *actes* paraître
faits contre la loi,
s'ils ont été faits :
il prononce,
ce qui n'est pas nécessaire,
pour qu'il fasse plaisir
aux candidats.
Car il est recherché avec rigueur
si le fait existe,
ou non :
si le fait existe,
personne ne peut douter,
qu'il ne soit contre la loi.
   68. Il est donc ridicule,
de laisser incertain
ce qui est douteux :
de juger
ce qui ne peut être
douteux pour personne.
Et cela est prononcé
tous les candidats
le demandant :
de sorte qu'il ne peut être compris
d'après le sénastus-consulte,
ni à qui il est-utile,
ni contre qui il est *dirigé*.
Ainsi donc démontre,
ces *faits* avoir été commis
par L. Muréna :
alors moi-même
j'accorderai à toi
eux avoir été commis
contre la loi

XXXIII. « Multi obviam prodierunt de provincia decedenti, consulatum petenti. » Solet fieri. Ecqui autem non proditur revertenti? « Quæ fuit ista multitudo? » Primum , si tibi istam rationem non possim reddere, quid habet admirationis, tali viro advenienti, candidato consulari, obviam prodisse multos? quod nisi esset factum, magis mirandum videretur.

69. Quid? si etiam illud addam, quod a consuetudine non abhorret, rogatos esse multos? num aut criminosum sit, aut mirandum, qua in civitate rogati infimorum hominum filios, prope de nocte ex ultima sæpe urbe deductum venire soleamus, in ea non esse gravatos homines prodire hora tertia in campum Martium, præsertim talis viri nomine rogatos? Quid, si omnes societates venerunt, quarum ex numero multi hic sedent judices? quid, si multi homines nostri ordinis hone-

XXXIII. « Un grand nombre de citoyens, dites-vous, s'est porté à sa rencontre, lorsqu'il revenait de sa province pour demander le consulat. » C'est l'usage. Au-devant de qui ne va-t-on pas? « Quelle était cette multitude? » D'abord, quand bien même je ne pourrais le dire, peut-on s'étonner que l'arrivée d'un homme tel que lui, d'un candidat consulaire, ait attiré un nombreux concours? C'est le contraire qui serait plus surprenant.

69. Et, quand j'ajouterais que, suivant l'usage, beaucoup y furent invités? Est-ce donc une chose si criminelle ou si merveilleuse, que dans une ville, où souvent à la prière des fils d'hommes obscurs, nous les accompagnons dès le lever du soleil, d'une extrémité de la ville à l'autre, des citoyens n'aient pas eu de répugnance à venir, à la troisième heure du jour, au champ de Mars, surtout sur l'invitation d'un homme tel que Muréna? Que direz-vous, si toutes les compagnies des fermiers de l'Etat s'y montrèrent, et parmi elles plusieurs de nos juges? si un grand nombre de sénateurs des plus

XXXIII. « Multi
prodierunt obviam
decedenti de provincia,
petenti consulatum. »
Solet fieri.
Eccui autem revertenti
non proditur ?
« Quæ fuit
ista multitudo ? »
Primum, si non possim
reddere tibi
istam rationem,
quid habet admirationis,
multos prodisse obviam
tali viro advenienti,
candidato consulari ?
nisi quod esset factum,
videretur
magis mirandum.
69. Quid ?
si addam etiam illud,
quod non abhorret
a consuetudine,
multos esse rogatos ?
num sit aùt criminosum,
aut mirandum,
in civitate qua rogati,
soleamus venire sæpe
ex urbe ultima,
prope de nocte,
deductum filios
hominum infimorum,
in ea homines
non esse gravatos
prodire tertia hora
in campum Martium,
præsertim rogatos
nomine talis viri ?
Quid,
si omnes societates
venerunt,
ex numero quarum
multi sedent hic
judices ?
quid, si multi homines
honestissimi
nostri ordinis ?

XXXIII. « Beaucoup de *gens*
allèrent à-la-rencontre
à *lui* revenant de *sa* province,
demandant le consulat. »
Cela a-coutume d'être fait.
Quel *est* donc le *citoyen* revenant,
au-devant duquel on ne s'avance pas ?
« Quelle fut
cette multitude ? »
D'abord, quand je ne pourrais
rendre à toi
cette raison *que tu demandes*,
qu'y a-t-il d'étonnant,
la foule s'être portée à-la-rencontre
d'un tel homme arrivant,
d'un candidat consulaire ?
si cela n'était pas arrivé,
cela semblerait
plus surprenant.
69. *Que sera-ce ?*
si j'ajoute encore ceci,
qui n'est-pas-contraire
à l'usage,
beaucoup avoir été invités ?
est-ce qu'il est ou criminel,
ou extraordinaire,
dans une ville où invités,
nous avons-coutume de venir souvent
de la ville extrême,
presque pendant la nuit,
accompagner les fils
d'hommes obscurs,
dans cette *ville* des citoyens
n'avoir pas été fâchés
d'aller à la troisième heure
au champ de-Mars,
surtout invités
au nom d'un tel homme ?
Que *diras-tu*,
si toutes les compagnies
y vinrent,
du nombre desquelles
beaucoup de *citoyens* siégent ici
comme juges ?
que *diras-tu*, si beaucoup d'hommes
très-honorables
de notre ordre *y vinrent* ?

stissimi? quid, si illa officiosissima, quæ neminem patitur non
honeste in urbem introire, tota natio candidatorum? si denique
ipse accusator noster Postumius obviam cum bene magna caterva sua venit : quid habet ista multitudo admirationis? Omitto
clientes, vicinos, tribules, exercitum totum Luculli, qui ad
triumphum per eos dies venerat : hoc dico, frequentiam in isto
officio gratuitam, non modo dignitati ullius unquam, sed ne
voluntati quidem defuisse. « At sectabantur multi. » Doce, mercede : concedam esse crimen. Hoc quidem remoto, quid reprehendis?

XXXIV. 70. « Quid opus est, inquit, sectatoribus? » A me
tu id quæris, quid opus sit eo, quo semper usi sumus? Homines tenues unum habent in nostrum ordinem aut promerendi,
aut proferendi beneficii locum, hanc in nostris petitionibus
operam, atque assectationem. Neque enim fieri potest, neque
postulandum est a nobis, aut ab equitibus romanis, ut suos ne-

honorables y étaient? si l'on y vit le peuple entier des candidats qui,
dans son zèle officieux, ne laisse entrer personne dans la ville que
d'une façon honorable? si enfin notre accusateur lui-même, Postumius, y est venu avec toute sa suite; que trouvez-vous d'étonnant
dans cette multitude? Je ne parle pas des clients de Muréna, de ses
voisins, des hommes de la même tribu que lui, ni de l'armée entière
de L. Lucullus, qui était venue à cette époque pour le triomphe : je
dis seulement qu'un concours désintéressé pour un semblable hommage n'a jamais manqué non-seulement à aucun homme de mérite,
mais pas même à celui qui l'a désiré. « Mais il était suivi d'un nombreux cortége. » Prouvez-moi qu'il l'avait payé, je conviendrai que
c'est un crime. Si vous ne le faites pas, qu'avez-vous à lui reprocher?

XXXIV. 70. « A quoi bon, dites-vous, un cortége? » C'est me
demander à quoi bon un usage de tous les temps? Les gens du peuple
n'ont qu'un seul moyen de mériter ou de reconnaître nos services,
c'est de nous assister et de nous faire cortége dans nos candidatures.
Quant aux sénateurs ou aux chevaliers romains, il leur est impos

quid, si tota illa natio
officiosissima
candidatorum,
quæ patitur neminem
introire in urbem
non honeste?
si denique Postumius
noster accusator ipse
venit obviam
cum sua caterva
bene magna :
quid ista multitudo
habet admirationis?
Omitto clientes,
vicinos, tribules,
totum exercitum Luculli,
qui venerat ad triumphum
per eos dies :
dico hoc,
frequentiam gratuitam
defuisse unquam
in isto officio,
non modo dignitati ullius,
sed ne voluntati quidem.
« At multi sectabantur. »
Doce, mercede :
concedam esse crimen.
Hoc quidem remoto,
quid reprehendis?
   XXXIV. 70. « Quid est
opus, inquit,
sectatoribus? »
Tu quæris id a me,
quid opus sit eo,
quo semper usi sumus?
Homines tenues
habent unum locum
in nostrum ordinem,
aut promerendi,
aut beneficii proferendi,
hanc operam,
atque assectationem
in nostris petitionibus.
Neque enim potest fieri,
neque est postulandum
a nobis,
aut ab equitibus romanis,

que *diras-tu*, si tout ce peuple
très-officieux
des candidats,
qui ne souffre personne
entrer dans la ville
non honorablement, *y vint?*
si enfin Postumius,
notre accusateur lui-même,
vint à-la-rencontre
avec sa suite
fort nombreuse :
qu'est-ce que cette multitude
a d'étonnant?
Je ne-parle-pas des clients,
des voisins, des *gens de-sa-tribu*
de toute l'armée de Lucullus,
qui était venue pour le triomphe
à cette époque :
je dis ceci,
un concours gratuit
n'avoir manqué jamais
pour cet hommage,
non-seulement au mérite d'aucun *citoyen*
mais pas même à *son* désir.
« Mais beaucoup *l'*accompagnaient. »
Prouve *que c'était* à-prix-d'argent :
j'avouerai *cela* être un crime.
Et cette *circonstance* étant écartée,
que reproches-tu?
   XXXIV. 70. « Qu'est-il
besoin, dit-il,
de cortéges? »
Tu demandes cela à moi,
quel besoin il y a de cette chose,
dont toujours nous avons fait-usage?
Les hommes obscurs
ont une-seule occasion
vis-à-vis de notre ordre,
ou *d'un bienfait* à-mériter,
ou d'un bienfait à-offrir,
cette assistance,
et *ce cortége à nous faire*
dans nos candidatures.
Car il ne peut pas se faire,
et il n'est pas à-demander
à nous,
ou aux chevaliers romains,

cessarios candidatos sectentur totos dies; a quibus si domus
nostra celebratur, si interdum ad forum deducimur, si uno basilicæ spatio¹ honestamur, diligenter observari videmur et coli.
Tenuiorum et non occupatorum amicorum est ista assiduitas,
quorum copia bonis et beneficis deesse non solet.

71. Noli igitur eripere hunc inferiori generi hominum fructum officii, Cato : sine eos, qui omnia a nobis sperant, habere
ipsos quoque aliquid, quod nobis tribuere possint. Si nihil erit,
præter ipsorum suffragium, tenue est² ; si, ut suffragentur,
nihil valent gratia. Ipsi denique, ut solent loqui, non dicere
pro nobis, non spondere, non vocare domum suam possunt :
atque hæc a nobis petunt omnia : neque ulla re alia, quæ a
nobis consequuntur, nisi opera sua, compensari putant posse.
Itaque et legi Fabiæ⁵, quæ est de numero sectatorum, et sena-

sible d'accompagner leurs amis candidats pendant des journées entières; on ne peut pas l'exiger; s'ils nous font de fréquentes visites,
s'ils nous conduisent quelquefois au forum, s'ils nous accordent
l'honneur d'un seul tour sous le portique, il semble qu'ils nous donnent une grande preuve d'estime et de protection. La présence continuelle ne peut s'attendre que des amis sans importance et sans occu
pations, dont l'affluence ne manque pas d'ordinaire aux citoyens
bons et bienfaisants.

71. N'enlevez donc pas, Caton, à la classe inférieure du peuple
ce fruit de ses services : souffrez que des hommes qui mettent en nous
tout leur espoir, aient à leur tour quelque chose qu'ils puissent nous
donner. S'ils n'ont rien que leurs suffrages, c'est bien peu de chose,
puisque ces suffrages n'ont aucune influence sur les autres. Ils ne
peuvent enfin, comme ils le disent eux-mêmes, ni plaider pour nous,
ni nous servir de caution, ni nous inviter chez eux; c'est de nous
qu'ils attendent tous ces bons offices, et ils ne croient pouvoir les reconnaître que par leur dévouement. Aussi ont-ils résisté à la loi Fabia,

ut sectentur dies totos
suos necessarios
candidatos ;
si nostra domus
celebratur a quibus,
si deducimur interdum
ad forum,
si honestamur
uno spatio basilicæ,
videmur
observari diligenter
et coli.
Ista assiduitas
est amicorum tenuiorum
et non occupatorum,
quorum copia
non solet deesse
bonis et beneficis.

qu'ils accompagnent des journées entières
leurs amis
candidats ;
si notre maison
est souvent-visitée par eux,
si nous sommes conduits parfois
au forum,
si nous sommes honorés
d'un-seul tour de portique,
nous paraissons
être honorés avec-distinction
et être entourés-d'égards.
Cette assiduité *constante*
convient à des amis obscurs
et non occupés,
dont l'affluence
n'a-pas-coutume de manquer
aux *citoyens* bons et bienfaisants.

71. Noli igitur eripere
generi inferiori hominum
hunc fructum officii, Cato :
sine eos,
qui sperant omnia a nobis,
habere ipsos quoque
aliquid quod possint
tribuere nobis.
Si nihil erit
præter suffragium ipsorum,
est tenue ;
ut, si suffragentur,
valent nihil gratia.
Ipsi denique,
ut solent loqui,
non possunt dicere
pro nobis,
non spondere,
non vocare suam domum :
atque petunt a nobis
omnia hæc :
neque putant
quæ consequuntur a nobis,
posse compensari
ulla alia re,
nisi sua opera.
Itaque restiterunt
et legi Fabiæ,
quæ est de numero

71. Donc ne-cherche-pas à ôter
à la classe inférieure des hommes
ce fruit de *ses* services, Caton :
permets ceux,
qui espèrent tout de nous,
avoir eux-mêmes aussi
quelque chose qu'ils puissent
donner à nous.
Si rien n'est *à eux*
excepté le suffrage d'eux,
c'est peu-de-chose ;
puisque, s'ils donnent-*leur*-suffrage,
ils ne peuvent rien en influence.
Eux enfin,
comme ils ont-coutume de *le* dire,
ne peuvent plaider
pour nous,
ni donner-caution,
ni *nous* inviter dans leur maison :
et ils demandent de nous
tous ces *bons offices*
et ne pensent pas
ce qu'ils obtiennent de nous,
pouvoir être compensé
par aucune autre chose,
si ce n'est par leur assistance.
C'est pourquoi ils ont résisté
et à la loi Fabia,
qui concerne le nombre

tusconsulto, quod est L. Cæsare consule factum, restiterunt :
nulla est enim pœna, quæ possit observantiam tenuiorum ab
hoc vetere instituto officiorum excludere.

72. « At spectacula sunt tributim data, et ad prandium vulgo
vocati. » Etsi hoc factum a Murena omnino, judices, non est,
ab ejus amicis autem more et modo factum est : tamen admonitus re ipsa, recordor, quantum hæ quæstiones, in senatu
habitæ, punctorum nobis, Servi, detraxerint. Quod enim
tempus fuit aut nostra, aut patrum nostrorum memoria, quo
hæc, sive ambitio est, sive liberalitas, non fuerit, ut locus
et in circo et in foro daretur amicis et tribulibus? hæc homines tenuiores primum, nondum qui a suis tribulibus vetere instituto assequebantur.....

XXXV. 73. Præfectum fabrum semel locum tribulibus suis
dedisse : quid statuent in viros primarios, qui in circo totas
tabernas, tribulium causa, compararunt? Hæc omnia sectato-

---

qui fixait le chiffre des cortéges, et au sénatus-consulte, rendu sous le
consulat de L. César; il n'y a aucune rigueur, en effet, qui puisse
détourner les gens du peuple de l'accomplissement d'un devoir créé
par un long usage.

72. « Mais il y a eu des places louées dans le cirque pour des tribus, des repas donnés au peuple. » Quoique Muréna, juges, ne se
soit pas du tout occupé de ce soin, et que ses amis n'aient fait pour
lui qu'une chose d'usage et dans de justes bornes, cependant je me
rappelle, à ce propos, Servius, combien ces plaintes présentées devant le sénat nous ont enlevé de suffrages. Est-ce qu'il n'est pas
arrivé, en effet, à toutes les époques, soit de notre temps, soit de celui de nos pères, que, par ambition ou par libéralité, on ait loué des
places au cirque et au forum pour ses amis et les citoyens de sa tribu...?

XXXV. 73. On sait qu'un intendant des ouvriers donna une fois
des places aux spectacles aux citoyens de sa tribu : comment con-
damnerait-on des personnages de distinction, qui, pour le même
motif, ont retenu des loges entières ? Toutes ces accusations contre

sectatorum,
et senatusconsulto,
quod est factum
L. Cæsare consule :
est enim nulla pœna,
quæ possit excludere
observantiam tenuiorum
ab hoc vetere instituto
officiorum.

72. « At spectacula
sunt data tributim,
et vocati vulgo
ad prandium. »
Etsi, judices,
hoc non est factum
omnino a Murena,
est autem factum
ab amicis ejus
more et modo :
tamen admonitus re ipsa,
recordor, Servi,
quantum hæ questiones,
habitæ in senatu,
detraxerint nobis
punctorum.
Quod enim fuit tempus
aut nostra memoria,
aut nostrorum patrum,
quo hæc non fuerit,
sive est ambitio,
sive liberalitas,
ut locus daretur
et in circo et in foro,
amicis et tribulibus?
homines tenuiores
hæc primum,
qui assequebantur nondum
a suis tribulibus
vetere instituto.....

XXXV. 73. Præfectum
fabrum
dedisse semel locum
suis tribulibus :
quid statuent
in viros primarios,
qui compararunt
in circo tabernas totas,

des citoyens formant-cortége,
et au sénatus-consulte,
qui a été rendu
sous L. César consul :
car il n'y a aucune peine,
qui puisse détourner
le respect des citoyens obscurs
de cette ancienne règle
de devoirs.

72. « Mais des spectacles
ont été donnés par-tribus,
et il y a eu des invités du peuple
à un repas. »
Quoique, juges,
cela n'ait pas été fait
du tout par Muréna,
mais ait été fait
par les amis de lui
d'après l'usage et avec mesure :
cependant averti par le fait même,
je me rappelle, Servius,
combien ces questions,
traitées dans le sénat,
ont enlevé à nous
de suffrages.
Quelle fut en effet l'époque
ou à notre souvenir,
ou à celui de nos pères,
où cette coutume n'exista pas
soit qu'elle fût l'effet de l'ambition,
ou de la libéralité des candidats,
que des places fussent données
et dans le cirque et au forum,
à ses amis et aux gens de-sa-tribu?
les hommes les moindres
ont fait cela d'abord,
eux qui n'étaient pas parvenus encore
au moyen des gens de-leur-tribu
et par une ancienne règle.....

XXXV. 73. On sait un intendant
des ouvriers
avoir donné une-fois des places
à ses ouvriers de-sa-tribu :
que prononcera-t-on
contre des citoyens du-premier-rang,
qui ont loué
dans le cirque des loges entières,

rum, spectaculorum, prandiorum item crimina, a multitudine
in tuam nimiam diligentiam, Servi, conjecta sunt : in quibus
tamen Murena ab senatus auctoritate defenditur. Quid enim?
«Senatus num obviam prodire crimen putat?» «Non ; sed mercede.» Convince. Num sectari multos? «Non; sed conductos.»
Doce. Num locum ad spectandum dare? aut ad prandium in-
vitare? «Minime ; sed vulgo, passim. » Quid est vulgo? « Uni-
versos. » Non igitur, si L. Natta [1], summo loco adolescens, qui,
et quo animo jam sit, et qualis vir futurus sit, videmus, in
equitum centuriis voluit esse, et ad hoc officium necessitudinis, et ad reliquum tempus, gratiosus, id erit ejus vitrico fraudi
aut crimini : nec, si virgo Vestalis, hujus propinqua et neces-
saria, locum suum gladiatoribus concessit huic, non et illa pie

les cortéges, les spectacles, les repas, ont été attribuées par le peuple,
Servius, à des scrupules exagérés de votre part; et cependant Muréna
trouve sa défense dans le décret même du sénat. Que porte-t-il en
effet? Fait-il un crime d'aller au-devant de quelqu'un? « Non, mais
d'y aller pour de l'argent. » Prouvez qu'on en a reçu. De se montrer
dans un cortége nombreux? « Non, mais dans un cortége soudoyé. »
Montrez qu'il a ce caractère. Défend-il de donner des places aux
spectacles ou d'inviter à des repas? « Point du tout, mais de le faire
sans choix, sans préférence. » C'est-à-dire pour tout le monde. Si
donc L. Natta, jeune homme d'une haute naissance, et dont l'avenir
s'annonce déjà par son caractère actuel, a voulu, par des préve-
nances envers les centuries des chevaliers, remplir un devoir de famille, et se ménager en même temps à lui-même quelque crédit pour
la suite, peut-on en blâmer, en accuser son beau-père? et, si une ves-
tale, la proche parente et l'amie de Muréna, lui a cédé ses places
dans le cirque, ne lui a-t-elle pas donné par là une preuve d'affec-

causa tribulium ?	pour les *gens* de-*leur*-tribu ?
Omnia hæc crimina, Servi,	Toutes ces accusations, Servius,
sectatorum,	de cortéges,
spectaculorum,	de spectacles,
prandiorum,	de repas,
sunt conjecta item	ont été attribuées aussi
a multitudine	par la multitude
in tuam diligentiam	à ton zèle
nimiam :	excessif :
in quibus tamen,	en cela cependant,
Murena defenditur	Muréna est défendu
ab auctoritate senatus.	par l'autorité du sénat.
Quid enim ?	Car enfin ?
Num senatus putat crimen	Est-ce que le sénat répute crime
prodire obviam ? »	d'aller au-devant-de *quelqu'un* ? »
« Non ; sed mercede. »	« Non ; mais *si c'est* pour de l'argent. »
Convince.	Prouve *que c'était pour de l'argent.*
Num	Est-ce qu'*il répute crime*
multos sectari ?	un-grand-nombre-de *gens* accompagner ?
« Non ; sed conductos. »	« Non ; mais des *gens* payés. »
Doce.	Fais-voir *qu'ils l'étaient.*
Num	Est-ce qu'*il répute crime*
dare locum ad spectandum ?	donner une place pour voir-le-spectacle ?
aut invitare ad prandium ?	ou inviter à un repas ?
« Minime ;	« Point du tout ;
sed vulgo, passim. »	mais *inviter* le public, *et* sans-choix. »
Quid est vulgo ?	Qu'est-ce qu'*inviter* le public ?
« Universos. »	« *C'est inviter* tout-le-monde. »
Igitur, si L. Natta,	Donc, si L. Natta,
adolescens summo loco,	jeune-homme d'une haute naissance,
videmus qui,	*en qui* nous voyons quel,
et quo animo sit jam,	et de quel caractère il est déjà,
et qualis vir sit futurus,	et quel homme il doit devenir,
voluit esse gratiosus	a voulu être gracieux
in centuriis equitum,	envers les centuries de chevaliers,
et ad hoc officium	et pour *remplir* ce devoir
necessitudinis,	d'intimité,
et ad reliquum tempus,	et pour (dans l'intérêt de) l'avenir,
id non erit fraudi	cela ne sera pas à intrigue
aut crimini	ou à crime
vitrico ejus :	au beau-père de lui :
nec, si virgo Vestalis,	ni, si une vierge Vestale,
propinqua	proche-parente
et necessaria hujus,	et amie de celui-ci,
concessit huic suum locum	a cédé à lui sa place
gladiatoribus,	aux *combats de* gladiateurs,
et illa non fecit pie,	ni elle n'a pas agi selon-*son*-devoir,

fecit, et hic a culpa est remotus. Omnia hæc sunt officia neces-
sariorum, commoda tenuiorum, munia candidatorum.

74. At enim agit mecum austere et stoice Cato. Negat
verum esse, allici benevolentiam cibo : negat judicium hominum in magistratibus mandandis corrumpi voluptatibus oportere. Ergo, ad cœnam petitionis causa si quis vocat, con-
demnetur. « Quippe, inquit, tu mihi summum imperium,
summam auctoritatem, tu gubernacula reipublicæ petas fo-
vendis hominum sensibus, et deliniendis animis, et adhibendis
voluptatibus? Utrum lenocinium, inquit, a grege delicatæ
juventutis, an orbis terrarum imperium a populo romano pe-
tebas? » Horribilis oratio, sed eam usus, vita, mores, civitas
ipsa respuit. Neque tamen Lacedæmonii, auctores istius vitæ
atque orationis, qui quotidianis epulis in robore accumbunt;

tion qui le disculpe entièrement? Il n'y a dans tout cela que des services entre parents, des plaisirs pour les gens du peuple et des devoirs
pour les candidats.

74. Mais Caton me répond avec l'austérité d'un stoïcien. Il dit qu'il
n'est pas loyal de capter la bienveillance par des repas; qu'il ne faut
pas, lorsqu'il s'agit de magistratures à donner, corrompre les suffrages à l'aide des plaisirs. Que celui donc qui donne un repas à
titre de candidat, soit condamné. « Comment! dit-il, vous sollicite-
rez de moi le souverain pouvoir, l'autorité suprême, l'administration
de la république, en flattant les passions des hommes, en enivrant
leurs âmes, en les séduisant par la volupté? Est-ce un commerce
de débauche que vous faites avec une troupe de jeunes gens efféminés, ou bien l'empire de l'univers que vous demandez au peuple romain? » Cruel langage, mais que réfutent nos usages, nos habitudes,
nos mœurs, notre constitution elle-même. Et d'ailleurs, ni les Lacé-
démoniens, qui les premiers ont mis en pratique et enseigné cette
doctrine, et qui prennent leurs repas de chaque jour assis sur des

et hic est remotus a culpa..	et celui-ci est exempt de faute.
Omnia hæc	Tout cela,
sunt officia	ce sont des bons-offices
necessariorum,	*de la part* des amis,
commoda tenuiorum,	des avantages pour les pauvres,
munia candidatorum.	des devoirs pour les candidats.
74. At enim Cato	74. Mais Caton
agit mecum austere	en-use avec-moi rigoureusement
et stoice.	et en-stoïcien.
Negat esse verum,	Il nie être loyal,
benevolentiam	la bienveillance
allici cibo :	être attirée par un repas :
negat oportere	il nie falloir
judicium hominum	le jugement des hommes
in magistratibus	à l'égard des magistratures
mandandis	devant être confiées
corrumpi voluptatibus.	devoir être altéré par les plaisirs.
Ergo, si quis	Ainsi donc, si quelqu'un
vocat ad cœnam	invite à un repas
causa petitionis,	en faveur de *sa* demande,
condemnetur.	qu'il soit condamné.
« Quippe, inquit,	« Quoi ! dit-il,
tu petas mihi	tu demandes à moi
imperium summum,	le pouvoir souverain,
auctoritatem summam,	*tu demandes* l'autorité suprême,
tu gubernacula	tu *demandes* le gouvernement
reipublicæ	de la république
sensibus hominum	par les sens des hommes
fovendis,	devant être flattés,
et animis deliniendis,	et *leurs* esprits devant être enivrés,
et voluptatibus adhibendis?	et les voluptés devant être utilisées?
Utrum petebas, inquit,	Est-ce que tu demandais, dit-il,
lenocinium	une partie-de-débauche
a grege	à une troupe
juventutis delicatæ,	de jeunes-gens efféminés,
an imperium	ou l'empire
orbis terrarum	de l'univers
a populo romano? »	au peuple romain ? »
Oratio horribilis,	Discours impitoyable,
sed usus, vita,	mais *nos* usages, *notre* genre-de-vie,
mores, civitas ipsa	*nos* mœurs, *notre* constitution même
respuit eam.	réfutent lui.
Neque tamen	Ni pourtant
Lacedæmonii,	les Lacédémoniens,
auctores istius vitæ	les modèles de cette façon-de-vivre
atque orationis,	et de *ce* langage,
qui accumbunt in robore	qui se placent sur un tronc-d'arbre

neque vero Cretes, quorum nemo gustavit unquam cubans,
melius, quam romani homines, qui tempora voluptatis labo-
risque dispertiunt, respublicas suas retinuerunt : quorum
alteri ¹, uno adventu nostri exercitus, deleti sunt; alteri,
nostri imperii præsidio disciplinam suam, legesque conservant.

XXXVI. 75. Quare noli, Cato, majorum instituta, quæ res
ipsa publica, quæ diuturnitas imperii comprobat, nimium
severa oratione reprehendere. Fuit eodem ex studio vir eru-
ditus apud patres nostros, et honestus homo, et nobilis,
Q. Tubero : is, quum epulum Q. Maximus, Africani patrui
sui nomine, populo romano daret, rogatus est a Maximo, ut
triclinium sterneret, quum esset Tubero ejusdem Africani
sororis filius. Atque ille, homo eruditissimus, ac stoicus,
stravit pelliculis hœdinis lectulos punicanos, et exposuit vasa

troncs d'arbres, ni les Crétois, qui tous mangent debout, n'ont
fait durer plus longtemps leurs républiques que les Romains, qui
font succéder les plaisirs aux travaux ; l'un de ces peuples s'est
anéanti à la seule apparition de notre armée, l'autre ne doit qu'à la
protection de notre empire de conserver encore ses institutions et
ses lois.

XXXVI. 75. Ne venez donc pas, Caton, censurer avec trop de sévérité des usages établis par nos ancêtres, et justifiés par la république elle-même et par la durée de l'empire. Il y eut aussi chez nos
aïeux un stoïcien distingué par ses connaissances, ses vertus et sa
noblesse, nommé Q. Tubéron : lorsque Q. Maximus donna un repas
au peuple romain, en mémoire de Scipion l'Africain, son oncle, il
pria Tubéron, neveu comme lui de Scipion, de se charger des ap-
prêts. Le savant stoïcien fit étendre des peaux de boucs sur de petits
lits carthaginois, et dresser de la vaisselle de Samos, comme s'il

epulis quotidianis ;	pour *leurs* repas journaliers ;
neque vero Cretes,	ni non plus les Crétois,
quorum nemo gustavit	dont aucun n'a mangé
unquam cubans,	jamais étant-couché,
retinuerunt melius	n'ont conservé mieux
suas respublicas,	leurs républiques,
quam homines romani,	que les citoyens romains,
qui dispertiunt tempora	qui distinguent les temps
voluptatis laborisque :	du plaisir et du travail :
quorum alteri	de ces *peuples* les uns
sunt deleti	ont été détruits
adventu uno	par l'arrivée seule
nostri exercitus ;	de notre armée ;
alteri conservant	les autres conservent
suam disciplinam legesque	leurs institutions et *leurs* lois
præsidio nostri imperii.	par la protection de notre empire.
XXXVI. 75. Quare noli	XXXVI. 75. Ainsi renonce
reprehendere, Cato,	à censurer, Caton,
oratione nimium severa,	par un discours trop sévère,
instituta majorum,	les institutions de *nos* ancêtres,
quæ res publica ipsa,	que la république elle-même.
quæ diuturnitas imperii	que la longue-durée de l'empire
comprobat.	sanctionnent.
Vir eruditus,	Un homme instruit,
homo	un homme
et honestus, et nobilis,	et honnête, et noble,
Q. Tubero,	Q. Tubéron,
fuit ex eodem studio	fut de la même secte
apud nostros patres :	chez nos aïeux :
is, quum Q. Maximus	cet *homme, un jour* que Q. Maximus,
daret epulum	donnait un repas
populo romano,	au peuple romain,
nomine Africani	pour la mémoire de l'Africain
sui patrui,	son oncle-paternel,
est rogatus a Maximo,	fut prié par Maximus,
ut sterneret triclinium,	de faire-apprêter le triclinium,
quum Tubero	parce que Tubéron
esset filius sororis	était fils de la sœur
ejusdem Africani.	du même Africain.
Atque ille,	Or celui-ci,
homo eruditissimus,	homme très-éclairé,
ac stoicus,	et stoïcien,
stravit	fit-recouvrir
lectulos punicanos	des petits-lits carthaginois
pelliculis hœdinis,	de peaux de-boucs,
et exposuit vasa samia :	et servit de la vaisselle de-Samos :
quasi vero	comme si vraiment

samia : quasi vero esset Diogenes Cynicus mortuus, et non
divini hominis Africani mors honestaretur; quem quum su-
premo ejus die Maximus laudaret, gratias egit diis immortalibus, quod ille vir in hac republica potissimum natus esset :
necesse enim fuisse, ibi esse terrarum imperium, ubi ille esset.
Hujus in morte celebranda graviter tulit populus romanus
hanc perversam sapientiam Tuberonis.

76. Itaque homo integerrimus, civis optimus, quum esset
L. Paulli nepos, P. Africani, ut dixi, sororis filius, his hœdinis
pelliculis prætura dejectus est. Odit populus romanus priva-
tam luxuriam; publicam magnificentiam diligit : non amat
profusas epulas; sordes et inhumanitatem multo minus : dis-
tinguit rationem officiorum, ac temporum; vicissitudinem
laboris, ac voluptatis. Nam, quod ais, nulla re allici hominum
mentes oportere ad magistratum mandandum, nisi dignitate :

avait voulu honorer la tombe de Diogène le Cynique, et non celle de
Scipion, de cet homme presque divin, aux funérailles duquel, Maximus, chargé de son éloge, rendit grâce aux dieux immortels d'avoir
fait naître de préférence ce héros dans notre république, parce que
l'empire du monde devait nécessairement appartenir à sa patrie.
Dans l'hommage rendu à sa mémoire, le peuple romain fut blessé de
la sagesse inopportune de Tubéron.

76. Aussi l'homme le plus intègre, le meilleur citoyen, petit-fils
de L. Paul Émile, neveu, comme je l'ai dit, de Scipion l'Africain,
fut repoussé de la préture par le souvenir de ces peaux de boucs. Le
peuple romain hait le luxe dans les particuliers, mais la magnificence publique le charme; il n'aime point la profusion dans les
repas, mais encore moins l'avarice et la grossièreté; il apprécie les
convenances des devoirs et des temps, et sait allier le travail au plai
sir. D'ailleurs, lorsque vous prétendez que c'est par le mérite seulement que l'on doit capter les suffrages dans la brigue des magi-

Diogenes Cynicus	Diogène le Cynique
esset mortuus,	était mort,
et mors African.,	et *que* la mort de l'Africain,
hominis divini,	homme divin,
non honestaretu.;	ne fût pas honorée *par ce repas;*
quem Maximus	*homme* à propos duquel Maximus
quum laudaret	lorsqu'il faisait-*son*-éloge
die supremo ejus,	le jour suprême de lui,
egit gratias	rendit grâce
diis immortalibus,	aux dieux immortels,
quod ille vir	de ce que ce héros
esset natus potissimum	était né de-préférence
in hac republica :	dans cette république :
fuisse enim necesse	car il eût été nécessaire
imperium terrarum	l'empire de l'univers
esse ibi,	être là,
ubi ille esset.	où ce *héros* était.
Populus romanus	Le peuple romain
tulit graviter	supporta avec-peine
hanc sapientiam perversam	cette sagesse à-contre-sens
Tuberonis	de Tubéron
in morte hujus	pour la mort de ce *citoyen*
celebranda.	devant être honorée.
76. Itaque	76. Aussi
homo integerrimus,	un homme très-intègre,
civis optimus,	un citoyen excellent,
quum esset nepos L. Paulli,	quoiqu'il fût petit-fils de L. Paulus,
filius, ut dixi,	fils, comme je *l'*ai dit,
sororis P. Africani,	de la sœur de P. l'Africain,
est dejectus prætura	fut renversé de la préture
his pelliculis hœdinis.	par ces peaux de-boucs.
Populus romanus	Le peuple romain
odit luxuriam privatam;	hait le luxe privé;
diligit	il aime
magnificentiam publicam :	la magnificence publique :
non amat	il n'aime pas
epulas profusas;	les repas surabondants;
multo minus sordes	beaucoup moins *encore* la vilenie
et inhumanitatem :	et le manque-de-savoir-vivre :
distinguit rationem	il distingue les convenances
officiorum, ac temporum;	des devoirs, et des temps;
vicissitudinem	les alternatives
laboris, ac voluptatis.	de travail, et de plaisir.
Nam, quod ais, oportere	Car, ce que tu dis, qu'il faut
mentes hominum	les sentiments des hommes
allici ad magistratum	être portés vers une magistrature
mandandum	à-confier

hoc tu ipse, in quo summa est dignitas, non servas. Cur enim
quemquam, ut studeat tibi, ut te adjuvet, rogas? Rogas tu
me, ut mihi præsis, ut committam ego me tibi. Quid tandem?
istud me rogari oportet abs te, an te potius a me, ut pro mea
salute laborem periculumque suscipias?

77. Quid, quod habes nomenclatorem ¹? in eo quidem fallis
et decipis. Nam, si nomine appellari abs te cives tuos hone-
stum est, turpe est eos notiores esse servo tuo, quam tibi. Sin
etiam noris, tamen per monitorem appellandi sunt, cur ante
petis, quam insusurravit? aut quid, quum admoneris, tamen,
quasi tute noris, ita salutas? quid, posteaquam es designatus,
multo salutas negligentius? Hæc omnia ad rationem civitatis
si dirigas, recta sunt : sin perpendere ad disciplinæ præcepta

stratures, vous-même qui en possédez un éminent, vous ne restez
pas fidèle à votre maxime. Pourquoi, en effet, demandez-vous à
chacun sa bienveillance et son appui? Vous me priez de vous donner
autorité sur moi, de me confier à votre garde? Quoi donc! est-ce à
vous dans ce cas de me solliciter, n'est-ce pas à moi plutôt de vous
supplier de tout souffrir, de tout braver pour mon salut?

77. Que dis-je? vous avez un nomenclateur, et en cela vous trom-
pez, vous abusez tout le monde; car, si c'est un honneur pour vos
concitoyens d'être salués de vous par leur nom, il est honteux que
vos esclaves les connaissent mieux que vous. Si, au contraire, vous
les connaissez, et que cependant il soit d'usage de vous les faire
nommer, pourquoi interrogez-vous votre esclave avant qu'il ne vous
ait dit tout bas comment ils s'appellent? ou, quand vous le savez,
pourquoi les saluez-vous comme s'ils vous étaient personnellement
connus? pourquoi enfin, une fois désigné, les saluez-vous beaucoup
plus négligemment? Si vous jugez votre conduite d'après l'usage,
elle est régulière; mais, si vous la comparez avec vos préceptes, elle

nulla re,	par aucune raison,
nisi dignitate :	si ce n'est le mérite :
tu ipse, in quo est	toi même, en qui est
dignitas summa,	un mérite extrême,
non servas hoc.	tu n'observes pas ce *principe*.
Cur enim rogas quemquam,	Pourquoi demandes-tu à chacun
ut studeat tibi,	qu'il prenne-parti pour toi,
ut adjuvet te ?	qu'il appuie toi ?
Tu rogas me,	Tu sollicites moi
ut præsis mihi,	pour que tu commandes à moi,
ut ego committam me tibi.	pour que je confie moi à toi.
Quid tandem ?	Quoi donc ?
oportet me rogari istud	faut-il moi être prié de cela
abs te,	par toi,
an potius te a me,	ou plutôt toi par moi,
ut suscipias laborem	pour que tu t'exposes à la fatigue
periculumque	et au danger
pro mea salute ?	pour mon salut ?
77. Quid, quod habes	77. Que *dire*, de ce que tu as
nomenclatorem ?	un nomenclateur ?
fallis quidem	tu trompes en effet
et decipis in eo.	et tu abuses au moyen de lui.
Nam, si est honestum	Car, s'il est honorable
tuos cives	tes concitoyens
appellari abs te nomine,	être appelés par toi de *leur* nom,
est turpe	il est honteux
eos esse notiores	eux être plus connus
tuo servo, quam tibi.	à ton esclave qu'à toi.
Sin etiam noris,	Mais si quoique tu *les* connaisses,
tamen appellandi sunt	malgré-cela ils doivent être nommés
per monitorem,	par un moniteur,
cur petis	pourquoi demandes-tu *les noms*
ante quam insusurravit ?	avant qu'il *te les* ait dits-tout-bas ?
aut quid,	ou pourquoi,
quum admoneris,	lorsque tu *en* es informé,
salutas tamen ita	salues-tu cependant ainsi
quasi tute noris ?	comme si toi-même *les* connaissais ?
quid,	pourquoi,
posteaquam es designatus,	après que tu as été désigné,
salutas	salues-tu
multo negligentius ?	beaucoup plus négligemment ?
Si dirigas omnia hæc	Si tu règles toute cette *conduite*
ad rationem civitatis,	sur les usages de la ville,
sunt recta :	c'est bien :
sin velis perpendere	mais si tu veux peser *elle*
ad præcepta disciplinæ,	d'après les préceptes de *sa* doctrine,
reperientur pravissima.	elle sera trouvée très-coupable.

velis, reperientur pravissima. Quare nec plebi romanæ eripiendi fructus isti sunt ludorum, gladiatorum, conviviorum,
quæ omnia majores nostri comparaverunt : nec candidatis ista
benignitas adimenda est, quæ liberalitatem magis significat,
quam largitionem.

XXXVII. 78. At enim te ad accusandum respublica adduxit[1].
Credo, Cato, te isto animo, atque ea opinione venisse : sed
tu imprudentia laberis. Ego quod facio, judices, quum amicitiæ dignitatisque L. Murenæ gratia facio, tum me pacis,
otii, concordiæ, libertatis, salutis, vitæ denique omnium
nostrum causa facere clamo, atque obtestor. Audite, audite
consulem, judices, nihil dicam arrogantius, tantum dicam,
totos dies atque noctes de republica cogitantem. Non usque
eo L. Catilina rempublicam despexit atque contempsit, ut ea
copia, quam secum eduxit, se hanc civitatem oppressurum
arbitraretur . latius patet illius sceleris contagio, quam quis-

est très-coupable. N'ôtez donc pas au peuple romain le plaisir des
jeux, des gladiateurs, des festins, dont la jouissance lui fut assurée
par nos ancêtres ; laissez donc les candidats user d'une bienveillance qui prouve plutôt leur libéralité qu'une tentative de cor
ruption.

XXXVII. 78. Mais, dites-vous, c'est l'intérêt de la république qui
vous force à cette accusation. Je crois, Caton, que c'est le motif, en
effet, la conviction qui vous amènent ici ; mais votre zèle vous abuse.
Moi, si je la repousse, juges, ce n'est pas seulement que mon amitié
pour Muréna, non moins que son mérite, m'y engagent ; je déclare,
je proteste que je le fais aussi pour assurer la paix, le repos, la concorde, la liberté, le salut et la vie de tous les citoyens. Écoutez,
juges, écoutez un consul, c'est sans vanité, sans exagération que je
le dis, qui veille jour et nuit aux intérêts de la patrie. Catilina n'a
pas méprisé la république au point de croire qu'il se rendrait maître
de Rome avec la misérable troupe qui le suit. La contagion de son
crime s'étend plus loin qu'on ne pense ; il a de nombreux complices.

Quare nec isti fructus
ludorum, gladiatorum,
conviviorum,
omnia quæ nostri majores
comparaverunt,
sunt eripiendi
plebi romanæ :
nec ista benignitas,
quæ significat magis
liberalitatem,
quam largitionem,
est adimenda candidatis.

C'est pourquoi ni ces agréments
des jeux, des gladiateurs,
des repas,
toutes choses que nos ancêtres
ont instituées,
ne sont à-enlever
au peuple romain :
ni cette bienveillance,
qui prouve plus
la libéralité,
que la brigue,
n'est à-arracher aux candidats.

XXXVII. 78. At enim
respublica adduxit te
ad accusandum.
Credo, Cato, te venisse
isto animo,
atque ea opinione :
sed tu laberis
imprudentia.
Quod ego facio, judices,
quum facio
gratia amicitiæ
dignitatisque L. Murenæ,
tum clamo, atque obtestor,
me facere causa pacis,
otii, concordiæ,
libertatis, salutis,
denique vitæ
nostrum omnium.
Audite, judices,
audite consulem,
dicam nihil arrogantius,
dicam tantum,
cogitantem de republica
dies totos atque noctes.
L. Catilina non despexit
atque contempsit
rempublicam usque eo,
ut arbitraretur
se oppressurum
hanc civitatem
ea copia,
quam eduxit secum :
contagio sceleris illius
patet latius,
quam quisquam putat;

XXXVII. 78. Mais du reste
la république a amené toi
à accuser.
Je crois, Caton, toi être venu *ici*
dans cet esprit,
et dans cette opinion :
mais tu t'égares
par aveuglement *de zèle*.
Ce que je fais, juges,
d'une part je *le* fais
en considération de l'amitié
et du mérite de L. Muréna,
de l'autre je proclame, et j'atteste,
moi *le* faire en faveur de la paix,
du repos, de la concorde,
de la liberté, du salut,
enfin de la vie
de nous tous.
Écoutez, juges,
écoutez un consul,
je ne dirai rien de trop arrogant,
je dirai seulement,
songeant à la république
les jours entiers et les nuits.
L. Catilina n'a pas dédaigné
et *n'a pas* méprisé
la république jusque-là,
qu'il ait pensé
soi devoir opprimer
cette ville
avec cette troupe,
qu'il a emmenée avec lui :
la contagion du crime de lui
s'étend plus loin,
que personne ne pense;

quam putat; ad plures pertinet. Intus, intus, inquam, est
equus trojanus : a quo nunquam, me consule, dormientes
opprimemini.

79. Quæris a me, quid ego Catilinam metuam. Nihil; et
curavi, ne quis metueret : sed copias illius, quas hic video,
dico esse metuendas : nec tam timendus est nunc exercitus
L. Catilinæ, quam isti, qui illum exercitum deseruisse dicun-
tur. Non enim deseruerunt; sed ab illo in speculis atque insidiis relicti, in capite, atque in cervicibus nostris restiterunt.
Hi et integrum consulem, et bonum imperatorem, et natura,
et fortuna, cum reipublicæ salute conjunctum, dejici de urbis
præsidio, et de custodia civitatis, vestris sententiis, detur-
bari volunt. Quorum ego ferrum et audaciam rejeci in campo,
debilitavi in foro, compressi etiam domi meæ sæpe, judices;
his vos si alterum consulem tradideritis, plus multo erunt

Le cheval de Troie est dans nos murs, oui, dans nos murs; mais
jamais, tant que je serai consul, il ne vous surprendra pendant votre
sommeil.

79. Vous me demandez en quoi je trouve Catilina redoutable?
En rien, et j'ai fait en sorte qu'il ne le fût pour personne; mais
c'est la présence de ses complices, que je vois ici, qu'il faut craindre :
et son armée est moins menaçante pour nous, que ceux qui passent
pour l'avoir abandonnée. Ils n'ont pas en effet quitté leur chef, mais
laissés par lui en observation et en embuscade, ils tiennent l'épée
suspendue sur nos têtes. Ce sont eux qui, redoutant un consul homme
de bien et grand général, que la nature et la fortune attachent au
salut de tous, veulent l'enlever par vos suffrages à la défense de
Rome et à la conservation de nos droits. J'ai réprimé leur bras audacieux au champ de Mars, je l'ai affaibli au forum, je l'ai trompé
souvent dans ma propre maison; si vous lui livrez un des consuls,
votre jugement les aura mieux servis que leurs poignards. Il est

pertinet ad plures.	elle gagne un grand nombre d'*hommes.*
Equus trojanus	Le cheval de-Troie
est intus,	est dans-*nos*-murs,
intus, inquam :	dans-*nos*-murs, dis-je :
a quo nunquam	*lui* par lequel jamais
opprimemini dormientes,	vous ne serez surpris dormant,
me consule.	moi *étant* consul.
79. Quæris a me,	79. Tu demandes à moi,
quid ego metuam	en quoi je crains
Catilinam.	Catilina.
Nihil;	En rien ;
et curavi,	et j'ai fait-en-sorte,
ne quis metueret;	que personne ne *le* craignît;
sed dico copias illius,	mais je dis les troupes de lui,
quas video hic,	que je vois ici
esse metuendas :	être à-craindre :
nec exercitus L. Catilinæ	et l'armée de L. Catilina
est nunc tam timendus,	n'est pas maintenant aussi redoutable,
quam isti, qui dicuntur	que ces *hommes*, qui sont dits
deseruisse	avoir déserté
illum exercitum.	cette armée.
Non enim deseruerunt;	En effet ils ne *l'*ont pas désertée ;
sed relicti ab illo	mais laissés par lui (Catilina)
in speculis atque insidiis,	en observation et en embuscades,
restiterunt in capite,	ils sont restés *menaçants* sur *notre* tête,
atque in nostris cervicibus.	et sur notre vie.
Hi volunt	Ces *hommes* veulent
et consulem integrum,	et un consul intègre,
et bonum imperatorem,	et un bon général,
conjunctum	attaché
et natura, et fortuna,	et par *son* caractère, et par *sa* fortune,
cum salute reipublicæ,	au salut de la république,
dejici vestris sententiis	être éloigné par votre sentence
de præsidio urbis,	de la défense de la ville,
et deturbari	et être dépossédé
de custodia civitatis.	de la garde de l'État.
Ego rejeci in campo	Moi j'ai écarté dans le champ *de Mars*
ferrum et audaciam	le fer et l'audace
quorum,	de ces *hommes,*
debilitavi in foro,	je *les* ai affaiblis dans le forum,
compressi sæpe etiam	comprimés souvent même
meæ domi, judices;	dans ma maison, juges ;
si vos tradideritis his	si vous livrez à ces *hommes*
alterum consulem,	un consul *sur deux,*
consecuti erunt	ils auront obtenu
multo plus	beaucoup plus
vestris sententiis,	par votre sentence,

vestris sententiis, quam suis gladiis consecuti. Magni interest, judices, id quod ego multis repugnantibus egi atque perfeci, esse kalendis Januarii in republica duo consules.

80. Nolite arbitrari, mediocribus consiliis, aut usitatis viis, aut lege improba, aut perniciosa largitione, auditum aliquando aliquod malum reipublicæ quæri. Inita sunt in hac civitate consilia, judices, urbis delendæ, civium trucidandorum, nominis romani exstinguendi. Atque hæc cives, cives, inquam (si eos hoc nomine appellari fas est), de patria sua et cogitant, et cogitaverunt; horum ego quotidie consiliis occurro, audaciam debilito, sceleri resisto. Sed vos moneo, judices : in exitu est jam meus consulatus : nolite mihi subtrahere vicarium meæ diligentiæ : nolite adimere eum, cui rempublicam cupio tradere incolumem, ab his tantis periculis defendendam.

XXXVIII. 81. Atque ad hæc mala, judices, quid accedat

d'une grande importance, juges, comme je l'ai demandé et obtenu, malgré de nombreuses oppositions, que la république ait deux consuls aux kalendes de janvier.

80. Ne pensez pas que ce soit par de timides desseins, par des voies ordinaires, par de mauvaises lois ou de pernicieuses largesses, que l'on prépare à la république une de ces épreuves comme elle en a subi déjà. C'est au sein même de Rome, juges, que l'on médite la ruine de Rome, le massacre de ses habitants, l'extinction du nom romain. Et ce sont des citoyens, oui, des citoyens (si l'on peut leur donner ce nom) qui ont formé et qui nourrissent de semblables projets contre leur patrie; tous les jours je préviens leurs complots, je brise leur audace, je lutte contre leur fureur criminelle. Mais, je vous en avertis, juges, mon consulat touche à son terme; ne me privez pas d'un successeur qui héritera de ma sollicitude; ne m'enlevez pas un homme à qui je veux remettre la république intacte, pour qu'il la défende contre ces terribles dangers.

XXXVIII. 81. Et ne voyez-vous pas, juges, quel nouveau mal-

quam suis gladiis.	que par leurs glaives.
Interest magni, judices,	Il importe beaucoup, juges,
id quod ego egi	ce que j'ai essayé
atque perfeci,	et obtenu,
multis repugnantibus,	beaucoup s'y opposant,
duo consules esse	deux consuls se trouver
in republica,	dans la république,
kalendis Januarii.	aux kalendes de janvier.

80. Nolite arbitrari	80. N'allez-pas croire
aliquod malum	quelque malheur
non auditum reipublicæ	inouï pour la république
quæri aliquando	être amené un jour
consiliis mediocribus,	par des projets médiocres,
aut viis usitatis,	ou des voies usitées,
aut lege improba,	ou une loi mauvaise,
aut largitione perniciosa.	ou des largesses pernicieuses.
Consilia	Les projets
urbis delendæ,	de la ville à-détruire
civium trucidandorum,	des citoyens à-massacrer,
nominis romani	du nom romain
exstinguendi	à-éteindre
sunt inita, judices,	sont formés, juges,
in hac civitate.	dans cette ville.
Atque cives,	Et des citoyens,
cives, inquam	des citoyens, dis-je
(si est fas eos	(s'il est permis eux
appellari hoc nomine),	être appelés de ce nom),
et cogitant,	et méditent,
et cogitaverunt hæc	et ont médité ces *crimes*
de sua patria;	contre leur patrie;
ego occurro quotidie	moi je vais-au-devant chaque-jour
consiliis horum,	des projets de ces *hommes*,
debilito audaciam,	j'affaiblis *leur* audace,
resisto sceleri.	je résiste à *leur* scélératesse.
Sed moneo vos, judices :	Mais j'avertis vous, juges :
meus consulatus	mon consulat
est jam in exitu;	est déjà dans *sa* fin;
nolite subtrahere mihi	n'allez-pas ôter à moi
vicarium meæ diligentiæ :	le remplaçant de ma vigilance :
nolite adimere eum,	n'allez-pas enlever celui,
cui cupio tradere	auquel je désire livrer
rempublicam incolumem,	la république intacte,
defendendam	à-défendre
ab his periculis tantis.	de ces dangers si grands.
XXXVIII. 81. Atque, judices,	XXXVIII. 81. En outre, juges,
non videtis quid aliud	ne voyez-vous pas quel autre *malheur*

aliud, non videtis? Te, te appello, Cato : nonne prospicis
tempestatem anni tui? jam enim hesterna concione intonuit
vox perniciosa designati tribuni, collegæ tui [1]; contra quem
multum tua mens, multum omnes boni providerunt, qui te
ad tribunatus petitionem vocaverunt. Omnia, quæ per hoc
triennium agitata sunt jam ab eo tempore, quo a L. Catilina,
et Cn. Pisone initum consilium senatus interficiendi [2] scitis
esse; in hos dies, in hos menses, in hoc tempus erumpunt.

82. Qui locus est, judices, quod tempus, qui dies, quæ
nox, quum ego non ex istorum insidiis ac mucronibus, non
solum meo, sed multo etiam magis divino consilio eripiar,
atque evolem? Neque isti me meo nomine interfici, sed vigi-
lantem consulem de reipublicæ præsidio demovere volunt :
nec minus vellent, Cato, te quoque aliqua ratione, si possent,
tollere; id quod, mihi crede, et agunt, et moliuntur. Vident

heur vous menace encore? C'est à vous, à vous, Caton, que je le demande : ne pressentez-vous pas les orages qui se préparent pour votre
tribunat? déjà, en effet, dans l'assemblée d'hier, a retenti la voix
dangereuse du tribun désigné, votre collègue, contre lequel s'est
prémunie votre prudence et celle de tous les gens de bien qui vous
ont engagé à solliciter cette magistrature. Tous les complots qui se
sont tramés pendant ces trois dernières années, depuis l'époque où vous
connûtes celui de L. Catilina et de Cn. Pison d'égorger le sénat; c'est
maintenant, c'est dans ces mois, c'est dans ces jours-ci qu'ils éclatent.

82. Est-il un lieu, juges, une circonstance, un jour, une nuit,
où ma prévoyance et plutôt encore la protection divine ne m'aient fait
échapper aux embûches et aux poignards des assassins? Ce n'est pas à
moi, personnellement, qu'ils veulent arracher la vie, c'est à un consul
vigilant qu'ils veulent enlever le soin de protéger la république; et
ils ne désireraient pas moins, Caton, se débarrasser de vous, s'ils le
pouvaient; et croyez bien qu'ils en cherchent et en préparent les

accedat ad hæc mala ?	s'ajoute à ces malheurs ?
Appello te, te, Cato :	J'invoque toi, toi, Caton :
nonne prospicis	ne vois-tu-pas-d'avance
tempestatem tui anni ?	la tempête de ton année ?
jam enim	déjà en effet
concione hesterna	dans l'assemblée d'-hier,
intonuit vox perniciosa	a retenti la voix pernicieuse
tribuni designati,	du tribun désigné,
tui collegæ ;	ton collègue ;
contra quem tua mens	contre lequel ton esprit
multum,	*a prévu* beaucoup,
omnes boni,	*et* tous les *gens* de-bien,
qui vocaverunt te	qui ont appelé toi
ad petitionem tribunatus,	à la demande du tribunat,
providerunt multum.	ont prévu beaucoup.
Omnia,	Tous les *complots*,
quæ sunt agitata	qui ont été formés
per hoc triennium	pendant ces trois-années
jam ab eo tempore,	déjà depuis ce temps,
quo scitis consilium	où vous savez le projet
senatus interficiendi	du sénat devant être tué
esse initum a L. Catilina,	avoir été formé par L. Catilina,
et Cn. Pisone ;	et Cn. Pison ;
erumpunt in hos dies,	éclatent dans ces jours,
in hos menses,	dans ce mois,
in hoc tempus.	dans ce temps *où nous sommes.*
82. Qui locus est, judices,	82. Quel lieu existe, juges,
quod tempus, qui dies,	quel temps, quel jour,
quæ nox,	quelle nuit,
quum ego non eripiar,	où moi je ne sois pas arraché,
atque evolem ex insidiis	et je n'échappe *pas* aux embûches
ac mucronibus istorum,	et aux poignards de ces *hommes,*
non solum meo consilio,	non-seulement par ma prévoyance,
sed multo magis etiam	mais beaucoup plus encore
divino ?	par la *prévoyance* divine ?
Neque isti volunt	Et ces *hommes* ne veulent pas
me interfici meo nomine,	moi être tué en mon nom,
sed demovere	mais écarter
consulem vigilantem	un consul vigilant
de præsidio reipublicæ :	de la défense de la république :
nec vellent minus	et ils ne voudraient pas moins
tollere te quoque, Cato,	faire-disparaître toi aussi, Caton,
aliqua ratione,	par quelque moyen,
si possent ;	s'ils pouvaient ;
id quod, crede mihi,	ce que, crois moi,
et agunt, et moliuntur.	et ils essayent, et ils préparent.
Vident quantum animi	Ils voient combien de courage

quantum in te sit animi, quantum ingenii, quantum auctoritatis, quantum reipublicæ præsidii : sed quum consulari auctoritate, et auxilio spoliatam vim tribunitiam viderint, tum se
facilius inermem et debilitatum te oppressuros arbitrantur. Nam
ne sufficiatur consul, non timent : vident in tuorum potestate
collegarum fore : sperant sibi Silanum, clarum virum, sine collega, te sine consule, rempublicam sine præsidio objici posse.

83. His tantis in rebus, tantisque in periculis, est tuum,
M. Cato, qui non mihi, non tibi, sed patriæ natus es, videre
quid agatur, retinere adjutorem, defensorem, socium in republica, consulem non cupidum, consulem (quod maxime
tempus hoc postulat) fortuna constitutum ad amplexandum
otium; scientia, ad bellum gerendum; animo et usu, ad quod
velis negotium.

XXXIX. Quanquam hujusce rei potestas omnis in vobis

moyens. Ils sentent tout ce que la république doit trouver de secours
dans votre courage, votre talent et votre crédit; mais ils pensent
qu'une fois la puissance tribunitienne dépouillée de l'appui de l'autorité consulaire, alors ils vous accableront plus aisément après vous
avoir affaibli et désarmé. Car ils ne craignent pas la nomination d'un
autre consul, puisqu'elle est au pouvoir de vos collègues; ils espèrent que l'illustre Silanus se trouvant sans collègue et vous sans
consul, la république leur sera livrée sans défense.

83. Dans de si graves conjonctures, dans de si pressants périls,
c'est à vous, Caton, qui êtes né pour la patrie, et non pour moi ni
pour vous-même, de voir ce que vous devez faire, et de vous conserver dans le gouvernement de la république, pour appui et pour
défenseur, un consul sans ambition, un consul, comme les circonstances le réclament, en état, par sa fortune, d'aimer la paix; par
son talent, de faire la guerre; par son courage et son expérience,
d'accomplir quelque tâche que ce soit.

XXXIX. Au reste, juges, tous ces intérêts sont dans vos mains;

sit in te,	est en toi,
quantum ingenii,	combien de génie,
quantum auctoritatis,	combien d'autorité
quantum præsidii	combien de secours
reipublicæ:	pour la république :
sed quum viderint	mais comme ils voient
vim tribunitiam	la puissance tribunitienne
spoliatam auctoritate,	dépouillée de l'autorité,
et auxilio consulari,	et du secours consulaire,
tum arbitrantur	alors ils pensent
se oppressuros facilius	soi devoir accabler plus facilement
te inermem et debilitatum.	toi désarmé et affaibli.
Nam non timent	Car ils ne craignent pas
ne consul sufficiatur:	qu'un consul soit mis-en-place:
vident fore	ils voient *cela* devoir être
in potestate	au pouvoir
tuorum collegarum:	de tes collègues :
sperant Silanum,	ils espèrent Silanus,
virum clarum,	homme distingué,
sine collega,	*étant* sans collègue,
te sine consule,	toi sans consul,
rempublicam posse	la république pouvoir
objici sibi sine præsidio.	être livrée à eux sans défense.
83. In his rebus tantis,	83. Dans ces circonstances si graves,
.nque periculis tantis,	et dans *ces* périls si grands,
est tuum, M. Cato,	c'est à-toi, M. Caton,
qui es natus	qui es né
non mihi, non tibi,	non pour moi, non pour toi,
sed patriæ,	mais pour la patrie,
videre quid agatur,	de voir ce qui est-à-faire,
retinere adjutorem,	de conserver un aide,
defensorem, socium	un défenseur, un allié
in republica,	dans la république,
consulem non cupidum,	un consul non ambitieux,
consulem	un consul
(quod hoc tempus	(ce que ce temps
postulat maxime)	demande le plus)
constitutum fortuna	porté par *sa* fortune
ad amplexandum otium,	à embrasser la paix ;
scientia,	par *son* talent,
ad gerendum bellum;	à faire la guerre;
animo et usu,	par *son* caractère et *son* expérience,
ad negotium quod velis.	au rôle que tu voudras.
XXXIX. Quanquam	XXXIX. Au reste
potestas hujusce rei	le pouvoir de cette résolution
sita est omnis	réside tout-entier
in vobis, judices,	en vous, juges,

sita est, judices, totam rempublicam vos in hac causa tenetis,
vos gubernatis. Si L. Catilina cum suo consilio nefariorum hominum, quos secum eduxit, hac de re posset judicare, condemnaret L. Murenam ; si interficere posset, occideret. Petunt
enim rationes illius, ut orbetur auxilio respublica : ut minuatur contra suum furorem imperatorum copia : ut major
facultas tribunis plebis detur, depulso adversario, seditionis
ac discordiæ concitandæ. Idemne igitur delecti amplissimis
ex ordinibus honestissimi atque sapientissimi viri judicabunt, quod ille importunissimus gladiator, hostis reipublicæ,
judicaret?

84. Mihi credite, judices, in hac causa non solum de L. Murenæ, verum etiam de vestra salute sententiam feretis. In discrimen extremum venimus : nihil est jam, unde nos reficiamus,
aut ubi lapsi resistamus. Non solum minuenda non sunt auxilia, quæ habemus, sed etiam nova, si fieri possit, comparanda.

c'est la cause de la république tout entière que vous jugez ; de vous
dépend son salut. Si L. Catilina et tous les hommes pervers qui l'ont
suivi, pouvaient prononcer dans cette affaire, ils condamneraient
L. Muréna ; ils lui ôteraient la vie, s'ils en étaient les maîtres. Car
ils l'attaquent pour priver l'état de son secours, pour diminuer le
nombre des généraux qu'il pourrait opposer à leur fureur, et donner
aux tribuns du peuple, en les délivrant de leur adversaire, une fa-
cilité plus grande pour exciter la sédition et la discorde. Est-ce que
les hommes les plus honorables et les plus sages, choisis dans les
ordres les plus élevés de l'État, jugeront comme le ferait ce redoutable gladiateur, l'ennemi déclaré de la république ?

84. Croyez-moi, juges, vous prononcerez dans cette cause, non-
seulement sur le sort de Muréna, mais sur votre propre salut. Nous
courons un extrême danger ; nous n'avons plus aucun moyen de réparer nos pertes, ni de résister après une chute. Bien loin d'affaiblir
les ressources que nous avons, il faut nous en créer de nouvelles, si

vos tenetis in hac causa
totam rempublicam,
vos gubernatis.
Si L. Catilina
cum suo consilio
hominum nefariorum,
quos eduxit secum,
posset judicare de hac re,
condemnaret L. Murenam;
si posset interficere,
occideret.
Rationes enim illius
petunt ut respublica
orbetur auxilio :
ut copia imperatorum
contra suum furorem
minuatur :
ut facultas major
detur tribunis plebis,
adversario depulso,
seditionis ac discordiæ
concitandæ.
Igiturne viri delecti
ex ordinibus amplissimis
honestissimi
atque sapientissimi
judicabunt idem,
quod ille gladiator
importunissimus,
hostis reipublicæ
judicaret?
84. Credite mihi, judices,
in hac causa
feretis sententiam
non solum de salute
L. Murenæ,
verum etiam de vestra.
Venimus
in discrimen extremum :
nihil est jam,
unde reficiamus nos,
aut ubi lapsi
resistamus.
Non solum auxilia,
quæ habemus,
non sunt minuenda,
sed etiam nova

vous disposez dans cette cause
de toute la république,
vous gouvernez.
Si L. Catilina
avec son conseil
d'hommes criminels,
qu'il a emmenés avec-lui,
pouvait prononcer sur cette affaire,
il condamnerait L. Muréna;
s'il pouvait *le* faire-mourir,
il *le* tuerait.
En effet les intérêts de lui
demandent que la république
soit privée de secours :
que le pouvoir des généraux
contre sa fureur
soit diminué :
qu'une faculté plus grande
soit donnée aux tribuns du peuple,
son adversaire étant expulsé,
de la sédition et de la discorde
devant être excitées.
Est-ce donc que les hommes choisis
dans les ordres les plus élevés
les hommes les plus honnêtes
et les plus sages
jugeront de la même *manière,*
que ce gladiateur
si dangereux,
cet ennemi de la république
jugerait?
84. Croyez-moi, juges,
dans cette cause
vous porterez un arrêt
non-seulement sur le salut
de L. Muréna,
mais encore sur *le* votre.
Nous sommes tombés
dans un péril extrême:
rien n'est plus,
par où nous relevions nous,
ou dans quoi étant tombés
nous résistions.
Non-seulement les ressources,
que nous avons,
ne sont pas à-diminuer,
mais encore de nouvelles

Hostis est enim non apud Anienem, quod bello punico gravissimum visum est, sed in urbe, in foro (dii immortales! sine
gemitu hoc dici non potest) : non nemo etiam in illo sacrario
reipublicæ, in ipsa, inquam, curia non nemo hostis est. Dii
faxint, ut meus collega¹, vir fortissimus, hoc Catilinæ nefarium
latrocinium armatus opprimat! ego togatus, vobis, bonisque
omnibus adjutoribus, hoc, quod conceptum respublica periculum parturit, consilio discutiam, et comprimam!

85. Sed quid tandem fiet, si hæc elapsa de manibus nostris,
in eum annum, qui consequitur, redundarint? Unus erit consul, et is non in administrando bello, sed in sufficiendo collega
occupatus. Hunc jam qui impedituri sint²..... illa pestis imma-
nis, importuna, Catilinæ prorumpet, qua poterit; et jam po-

cela se peut. L'ennemi n'est pas, en effet, sur les bords de l'Anio,
ce qui parut si alarmant dans la guerre punique; il est au sein de la
ville, dans le forum (dieux immortels! je ne puis le dire sans douleur); il pénètre dans ce sanctuaire même de la république, au milieu, dis-je, du sénat. Fassent les dieux que la valeur de mon collègue écrase sous ses armes les criminelles attaques de Catilina! moi,
sans mettre le glaive à la main, aidé de votre secours et de celui de
tous les gens de bien, je saurai par ma vigilance découvrir et étouffer
un fléau qui a pris naissance et qui éclate au sein de la république.

85. Mais qu'arrivera-t-il enfin, si, trompant tous nos efforts, le
mal étend son influence jusqu'à l'année qui va suivre? Il n'y aura
qu'un seul consul, et il sera plus occupé à se donner un collègue
qu'à soutenir une guerre. Les obstacles qui l'attendent.. cette cruelle
et funeste tempête soulevée par Catilina éclatera sur quelque point;
déjà elle menace le peuple romain; bientôt elle atteindra dans son

comparanda,	*sont* à-rassembler,
si possit fieri.	si *cela* peut être fait.
Hostis enim non est	L'ennemi en effet n'est pas
apud Anienem,	auprès de l'Anio,
quod visum est	ce qui parut
gravissimum	très-dangereux
bello punico,	dans la guerre punique,
sed in urbe, in foro	mais dans la ville, dans le forum
(dii immortales!	(dieux immortels!
hoc non potest dici	cela ne peut être dit
sine gemitu):	sans gémissement):
non nemo hostis est	un certain ennemi se trouve
etiam in illo sacrario	même dans ce sanctuaire
reipublicæ,	de la république,
non nemo, inquam,	un certain *ennemi se trouve*, dis-je,
in curia ipsa.	dans le sénat même.
Faxint dii,	Fassent les dieux,
ut meus collega,	que mon collègue,
vir fortissimus,	homme très-courageux,
opprimat armatus	réprime armé
hoc latrocinium nefarium	ce brigandage criminel
Catilinæ!	de Catilina!
ego togatus,	moi revêtu-de-la-toge,
vobis, omnibusque bonis	vous, et tous les *gens* de-bien
adjutoribus,	m'aidant,
discutiam consilio,	je ferai-disparaître par *ma* vigilance,
et comprimam	et j'étoufferai
hoc periculum	ce péril
quod respublica	que la république
parturit conceptum!	enfante *après l'avoir* conçu!
85. Sed quid fiet tandem,	85. Mais qu'arrivera-t-il enfin,
si hæc elapsa	si ces *fléaux* échappés
de nostris manibus	de nos mains
redundarintin eum annum,	retombent sur cette année,
qui consequitur?	qui suit?
Unus consul erit,	Un-seul consul existera,
et is occupatus	et celui-là occupé
non in bello	non pour la guerre
administrando,	à-conduire,
sed in collega sufficiendo.	mais pour un collègue à-mettre-en-place.
Qui sint impedituri hunc,	*Ceux* qui doivent empêcher lui,
jam...	déjà...
illa pestis Catilinæ,	cette peste de Catilina,
immanis, importuna,	terrible, redoutable,
prorumpet, qua poterit;	pénètrera, par où elle pourra;
et jam minatur	et déjà elle menace
populo romano:	le peuple romain:

pulo romano minatur : in agros suburbanos repente advolabit :
versabitur in castris furor, in curia timor, in foro conjuratio, in
Campo exercitus, in agris vastitas : omni autem in sede ac
loco ferrum, flammamque metuemus. Quæ jamdiu comparan-
tur, eadem ista omnia, si ornata suis præsidiis erit respublica,
facile et magistratuum consiliis, et privatorum diligentia oppri-
mentur.

PERORATIO.

XL. 86. Quæ quum ita sint¹, judices, primum reipublicæ
causa, qua nulla res cuiquam potior debet esse, vos, pro mea
summa et vobis cognita in rempublicam diligentia, moneo, pro
auctoritate consulari hortor, pro magnitudine periculi obtestor,
ut otio, ut paci, ut saluti, ut vitæ vestræ, et ceterorum civium,
consulatis : deinde ego fidem vestram, vel defensoris et amici
officio adductus, oro atque obsecro, judices, ut ne hominis mi-

vol aux portes de la ville ; la fureur règnera dans le camp de la ré-
volte, la terreur dans le sénat, la conjuration dans le forum, le
glaive dans le Champ de Mars, la désolation dans les campagnes ;
le fer et la flamme nous poursuivront en tous lieux. Tous ces
coupables projets qui se trament depuis longtemps, si la république
était pourvue de ses défenseurs, seraient étouffés sans peine par la
prudence des magistrats et l'activité des citoyens.

PÉRORAISON.

XL. 86. Puisqu'il en est ainsi, juges, c'est d'abord au nom de la
république, dont l'intérêt doit nous être à tous le plus cher, c'est au
nom du dévouement absolu dont vous me savez animé pour elle ; c'est
avec l'autorité d'un consul et la conviction de la grandeur du péril,
que je vous conseille, que je vous recommande, que je vous conjure
de songer à votre repos, à votre tranquillité, au salut de l'État, à
celui de votre vie et de celle de tous vos concitoyens : c'est ensuite à
titre de défenseur et d'ami de Muréna, que, m'adressant à votre justice,
je vous supplie, je vous adjure, par pitié pour un malheureux qu'ac

advolabit repente	elle s'abattra tout à coup
in agros suburbanos :	sur les champs aux-portes-de-la-ville :
furor	la fureur
versabitur in castris,	règnera dans les camps,
timor in curia,	la terreur dans le sénat,
conjuratio in foro,	la conjuration dans le forum,
exercitus in Campo,	l'armée dans le Champ *de Mars,*
vastitas in agris :	la désolation dans les campagnes :
metuemus autem	et nous craindrons
ferrum flammamque	le fer et la flamme
in omni sede ac loco.	en tout séjour et en *tout* lieu.
Quæ comparantur	*Ces complots* qui sont préparés
jamdiu,	depuis longtemps,
omnia ista eadem,	tous ces mêmes *complots,*
si respublica erit ornata	si la république est pourvue
suis præsidiis,	de ses moyens-de-défense,
opprimentur facile	seront étouffés aisément
et consiliis	et par les précautions
magistratuum,	des magistrats,
et diligentia privatorum.	et par la vigilance des particuliers.

PERORATIO	PÉRORAISON.
XL 86. Quæ quum	XL. 86. Puisque ces choses
sint ita,	sont ainsi,
moneo vos, judices,	je conseille à vous, juges,
primum causa reipublicæ,	d'abord dans l'intérêt de la république,
qua nulla res	à laquelle aucun objet
debet esse potior cuiquam,	ne doit être préférable à qui-que-ce-soit,
pro mea diligentia summa	au nom de mon zèle extrême
in rempublicam	pour la république,
et cognita vobis,	et *qui est* connu à vous,
hortor	j'exhorte *vous*
pro auctoritate consulari,	au nom du pouvoir consulaire,
obtestor	je conjure *vous*
pro magnitudine periculi,	à cause de la grandeur du danger,
ut consulatis otio,	que vous veilliez au repos,
ut paci,	que *vous veilliez* à la paix,
ut saluti,	que *vous veilliez* au salut,
ut vitæ vestræ,	que *vous veilliez* à la vie de-vous,
et ceterorum civium :	et des autres citoyens :
deinde ego,	ensuite moi,
adductus officio	poussé par le devoir
vel defensoris et amici,	et de défenseur et d'ami,
oro atque obsecro	je prie et je conjure
vestram fidem, judices,	votre justice, juges,
ut ne obruatis	pour que vous n'étouffiez pas

seri, et quum corporis morbo, tum animi dolore confecti, L. Murenæ, recentem gratulationem nova lamentatione obruatis.
Modo maximo beneficio populi romani ornatus, fortunatus vi-
debatur, quod primus in familiam veterem, primus in muni-
cipium antiquissimum, consulatum attulisset; nunc idem squalore sordidus[1], confectus morbo, lacrimis ac mœrore perditus,
vester est supplex, judices, vestram fidem obtestatur, misericordiam implorat, vestram potestatem ac vestras opes in-
tuetur.

87. Nolite, per deos immortales! judices, hac eum re, qua
se honestiorem fore putavit, etiam ceteris ante partis hone-
statibus, atque omni dignitate, fortunaque privare. Atque ita
vos Murena, judices, orat atque obsecrat, si injuste neminem
læsit, si nullius aures voluntatemve violavit; si nemini, ut le-
vissime dicam, odio nec domi, nec militiæ fuit, sit apud vos

cablent à la fois les douleurs du corps et de l'âme, ne faites pas éteindre
la joie récente du triomphe dans les larmes du désespoir. Naguère
honoré par le plus grand bienfait qu'il pût recevoir du peuple romain,
il semblait heureux d'avoir le premier apporté le consulat dans une
famille illustre, dans une ville municipale des plus anciennes ; aujourd'hui, sous la livrée du deuil, abattu par la maladie, abîmé dans
le chagrin et dans les larmes, il est devant vous en suppliant, juges,
il invoque votre justice, il implore votre compassion, il met son espoir dans votre puissance et dans votre force.

87. Au nom des dieux immortels ! ne lui arrachez pas, juges, avec
le titre dont il attendait une illustration nouvelle, ceux qu'il avait
conquis d'abord ; ne lui enlevez pas son honneur et sa fortune. Écoutez l'ardente prière que vous adresse Muréna : si jamais il n'a fait
de tort à personne, ni commis d'injure ou de violence contre qui que
ce soit; s'il ne s'est jamais attiré l'inimitié même la plus légère, soit
à Rome, soit dans les camps ; faites que sa modération, son malheur

nova lamentatione	sous une nouvelle lamentation
gratulationem recentem	la joie récente
L. Murenæ,	de L. Muréna,
hominis miseri,	homme malheureux,
et confecti	et accablé
quum morbo corporis,	tant par la maladie du corps,
tum dolore animi.	que par la souffrance de l'âme.
Ornatus modo	Honoré naguères
maximo beneficio	par le plus grand bienfait
populi romani,	du peuple romain,
videbatur fortunatus,	il paraissait fortuné,
quod primus	parce que le premier
attulisset consulatum	il avait apporté le consulat
in familiam veterem,	dans une famille ancienne,
primus in municipium	le premier dans un municipe
antiquissimum;	le plus antique;
nunc idem	aujourd'hui ce même *homme*
sordidus squalore,	vêtu de deuil,
confectus morbo,	accablé par la maladie,
perditus lacrimis	abîmé-dans les larmes
ac mœrore,	et le chagrin;
est vester supplex,	est votre suppliant,
obtestatur vestram fidem,	il invoque votre justice,
implorat misericordiam,	il implore *votre* pitié,
intuetur	il tourne-*ses*-regards-vers
vestram potestatem	votre puissance
ac vestras opes, judices.	et vos forces, juges.
87. Nolite, judices,	87. N'allez-pas, juges,
per deos immortales!	par les dieux immortels !
privare eum hac re,	priver lui de ce rang,
qua putavit	par lequel il a pensé
se fore honestiorem,	lui devoir être plus honoré,
etiam	*et* en même temps
ceteris honestatibus	de *ses* autres distinctions
partis ante,	acquises auparavant,
atque omni dignitate,	et de toute *sa* considération,
fortunaque.	et de *sa* fortune.
Atque Murena orat	De plus Muréna prie
atque obsecrat vos ita,	et conjure vous ainsi,
judices,	juges,
si læsit neminem injuste,	s'il n'a lésé personne injustement,
si violavit	s'il n'a blessé
aures voluntatemve	les oreilles ni la volonté
nullius;	de personne;
si fuit odio nemini,	s'il n'a été en haine à personne,
ut dicam levissime,	pour dire (même) le plus légèrement.
nec domi, nec militiæ,	ni à Rome, ni dans les camps,

modestiæ locus, sit demissis hominibus perfugium, sit auxilium
pudori. Misericordiam spoliatio consulatus magnam habere debet, judices. Una enim eripiuntur cum consulatu omnia. Invidiam vero his temporibus habere consulatus ipse nullam potest.
Objicitur enim concionibus seditiosorum, insidiis conjuratorum,
telis Catilinæ : ad omne denique periculum, atque ad omnem
invidiam solus opponitur.

88. Quare quid invidendum Murenæ, aut cuiquam nostrum
sit in hoc præclaro consulatu, non video, judices : quæ vero
miseranda sunt, ea et mihi ante oculos versantur, et vos videre
et perspicere potestis.

XLI. Si (quod Jupiter omen avertat) hunc vestris sententiis
afflixeritis, quo se miser vertet? domumne? ut eam imaginem
clarissimi viri, parentis sui, quam paucis ante diebus laurea-

et sa retenue trouvent auprès de vous abri, refuge et protection. C'est
une disgrâce bien digne de pitié, que d'être dépouillé du consulat,
car on perd tout en même temps. Et cependant le consulat lui-même
ne peut être un objet d'envie dans les circonstances où nous sommes,
car il expose aux clameurs des séditieux, aux embûches des conjurés,
aux poignards de Catilina; en un mot, il est seul en butte à tous les
dangers et à toutes les haines.

88. Je ne vois donc pas, juges, ce que l'on peut envier à Muréna,
ni à aucun autre dans cette brillante dignité : j'ai sous les yeux, au
contraire, les malheurs qu'elle attire, et vous pouvez les reconnaître
comme moi.

XLI. Si votre sentence le condamne, (que Jupiter détourne ce présage!) dans quels lieux l'infortuné cherchera-t-il un refuge? Dans
sa maison? pour que l'image de son illustre père, qu'il a vue, dans

locus sit apud vos
modestiæ,
perfugium sit
hominibus demissis,
auxilium sit pudori.
Spoliatio consulatus
debet habere, judices,
magnam misericordiam.
Omnia enim eripiuntur
una cum consulatu.
Consulatus vero ipse
potest habere
his temporibus
nullam invidiam.
Objicitur enim
concionibus seditiosorum,
insidiis conjuratorum,
telis Catilinæ:
denique opponitur
solus ad omne periculum,
atque ad omnem invidiam.

88. Quare non video,
judices,
quid sit invidendum
Murenæ,
aut cuiquam nostrum
in hoc præclaro consulatu:
ea vero,
quæ sunt miseranda,
et versantur mihi
ante oculos,
et vos potestis videre
et perspicere.

XLI. Si affixeritis hunc
vestris sententiis,
(Jupiter avertat
quod omen!)
quo miser se vertet?
domumne?
ut videat
deformatam ignominia
lugentemque
eam eamdem imaginem
viri clarissimi,
sui parentis,
quam conspexit
paucis diebus ante

qu'un asile soit auprès de vous
à la modestie,
qu'un refuge soit
aux hommes soumis,
qu'une protection soit à *leur* honneur.
La spoliation du consulat
doit exciter, juges,
une grande compassion.
Tout en effet est arraché
en même temps que le consulat.
Le consulat d'ailleurs lui-même
ne peut avoir (faire naître)
dans ces temps
aucune envie.
Il est-en-butte en effet
aux discours des séditieux,
aux embûches des conjurés,
aux traits de Catilina:
enfin il est exposé
seul à tout danger,
et à toute haine.

88. Aussi je ne vois pas,
juges,
ce qui est à-envier
à Muréna,
ou à aucun de nous
dans ce brillant consulat:
mais ces *inconvénients*,
qui sont à-déplorer,
et sont-présens à moi
devant les yeux,
et vous pouvez *les* voir
et *les* reconnaître.

XLI. Si vous frappez cet *homme*
par votre sentence,
(que Jupiter détourne
ce présage!)
où le malheureux se réfugiera-t-il?
dans *sa* maison?
pour qu'il voie *elle*
souillée par l'opprobre
et pleurant
sur cette même image
d'un homme illustre,
son père,
laquelle il a vue
peu de jours auparavant

tam in sua gratulatione conspexit, eamdem deformatam ignominia, lugentemque videat? an ad matrem, quæ misera modo
consulem osculata filium suum, nunc cruciatur et sollicita est,
ne eumdem paulo post spoliatum omni dignitate conspiciat.

89. Sed quid ego matrem, aut domum appello, quem nova
pœna legis[1] et domo, et parente, et omnium suorum consuetudine conspectuque privat? Ibit igitur in exsilium miser? quo?
ad Orientisne partes, in quibus annos multos legatus fuit, et
exercitus duxit, et res maximas gessit? At habet magnum dolorem, unde cum honore decesseris, eodem cum ignominia reverti. An se in contrariam partem terrarum abdet, ut Gallia
transalpina, quem nuper summo cum imperio libentissime
viderit, eumdem lugentem, mœrentem, exsulem videat? in
ea porro provincia, quo animo C. Murenam, fratrem suum,
adspiciet? qui hujus dolor? qui illius mœror erit? quæ utriusque lamentatio? quanta autem perturbatio fortunæ atque ser-

ces derniers jours, prendre un air de triomphe pour s'associer à sa
gloire, lui apparaisse maintenant flétrie de sa honte et inondée de
larmes? Auprès de sa mère? mais cette mère infortunée, qui naguère
embrassait dans son fils un consul, aujourd'hui se tourmente et
s'alarme à la pensée de le voir bientôt dépouillé de tous ses titres.

89. Mais, hélas! pourquoi parler de sa maison et de sa mère, pour
celui que le nouveau châtiment porté par la loi, arrache en même
temps à sa maison, à sa mère, au commerce et à la vue de tous les
siens? Il ira donc en exil, le malheureux? Mais dans quelle partie
du monde? sera-ce vers l'Orient? où pendant plusieurs années il a
rempli les fonctions de lieutenant, commandé des armées et signalé
ses exploits? Mais il est bien douloureux de revenir, la honte sur le
front, dans des lieux d'où l'on est sorti couvert de gloire. Ira-t-il se
cacher à l'autre extrémité de la terre, pour que la Gaule transalpine,
heureuse, il y a peu de temps, de se trouver soumise à son pouvoir,
le revoie en proie à la douleur et à la tristesse de l'exil? Dans cette
province, d'ailleurs, comment soutiendra-t-il la vue de C. Muréna,
son frère? Quel chagrin pour l'un? quel regret pour l'autre? quelle
désolation pour tous deux? quelle contradiction de la fortune, quel

laureatam
in gratulatione sua?
an ad matrem,
quæ misera
osculata modo
suum filium consulem,
nunc cruciatur
et est sollicita,
ne conspiciat eumdem
paulo post spoliatum
omni dignitate?

89. Sed quid ego appello
matrem, aut domum,
quem nova pœna legis
privat et domo, et parente,
et consuetudine
conspectuque
omnium suorum?
Miser ibit igitur
in exsilium?
quo? ad partesne Orientis,
in quibus fuit legatus
multos annos,
et duxit exercitus,
et gessit maximas res?
At reverti cum ignominia
eodem,
unde decesseris cum honore,
habet magnum dolorem.
An abdet se
in partem contrariam
terrarum,
ut Gallia transalpina
videat lugentem,
mœrentem, exsulem,
eumdem quem nuper
viderit libentissime
cum imperio?
porro in ea provincia,
quo animo adspiciet
C. Murenam,
suum fratrem?
qui dolor hujus?
qui erit mœror illius?
quæ lamentatio utriusque?
Quanta autem perturbatio
fortunæ atque sermonis,

couverte-de-lauriers
en félicitation de-lui (de son fils)?
ou bien auprès de sa mère,
qui malheureuse
ayant embrassé naguères
son fils consul,
maintenant est tourmentée
et est inquiète,
de peur de voir le même fils
peu après dépouillé
de tous ses titres.

89. Mais pourquoi invoquai-je
la mère, ou la maison,
de celui qu'une nouvelle peine de la loi
prive et de sa maison, et de sa mère,
et de la société
et de l'aspect
de tous les siens?
Le malheureux ira donc
en exil?
où? vers les contrées de l'Orient,
dans lesquelles il a été lieutenant
plusieurs années,
et a conduit les armées,
et a fait les plus grands exploits?
Mais revenir avec une flétrissure
au-même-lieu,
d'où tu es parti avec honneur,
cause une grande douleur.
Est-ce qu'il cachera soi
dans la partie opposée
du monde,
pour que la Gaule transalpine
voie pleurant,
chagrin, exilé,
le même homme que dernièrement
elle a vu avec-le-plus-grand-plaisir
dans le pouvoir?
d'ailleurs dans cette province,
avec quel sentiment verra-t-il
C. Muréna,
son frère?
quelle sera la douleur de l'un?
quel sera le chagrin de l'autre?
quelle sera la désolation de chacun-d'eux?
Et quel changement
de fortune èt de langage,

monis, quod, quibus in locis, paucis ante diebus, factum esse
consulem Murenam, nuntii litteræque celebrassent, et unde
hospites atque amici gratulatum Romam concurrerint, repente
eo accedat ipse nuntius suæ calamitatis?

90. Quæ si acerba, si misera, si luctuosa sunt, si alienissima
a mansuetudine, et misericordia vestra, judices; conservate
populi romani beneficium : reddite reipublicæ consulem; date
hoc ipsius pudori, date patri mortuo, date generi et familiæ,
date etiam Lanuvio, municipio honestissimo, quod in hac tota
causa frequens, mœstumque vidistis; nolite a sacris patriis Junonis Sospitæ[1], cui omnes consules facere necesse est, domesticum, et suum consulem potissimum avellere. Quem ego vobis, si quid habet aut momenti commendatio, aut auctoritatis
confirmatio mea, consul consulem, judices, ita commendo, ut

changement de langage, lorsqu'en ces mêmes lieux où, quelques jours
auparavant, les courriers et les lettres répandaient la nouvelle du consulat de Muréna, et d'où ses amis et ses hôtes étaient acccourus à
Rome pour le féliciter, il arrivera soudain pour annoncer lui-même
son malheur?

90. Si ce tableau d'une vie pleine d'amertume, de misère et de
deuil, répugne à votre douceur et à votre humanité, confirmez, juges,
le bienfait du peuple romain ; rendez à la république son consul ;
accordez cette grâce à l'honneur du fils, à la mémoire du père, à
l'illustration de toute une famille ; accordez-la aussi aux habitants de
Lanuvium, d'une ville municipale de premier ordre, que vous avez
vus assister en foule et pleins de tristesse à ces débats. N'enlevez pas
au culte de Junon Conservatrice, divinité de leur patrie, à qui tous
les consuls sont forcés de sacrifier, un consul qu'elle regarde, avant
tous les autres, comme le sien. Pour moi, juges, si ma recomman
dation a pour vous quelque poids, et mon témoignage quelque autorité, consul moi-même, je vous recommande un consul, en promet-
tant et en jurant pour lui, que vous le trouverez plein d'amour pour

quod, in quibus locis,	de ce que, dans ces lieux,
paucis diebus ante,	où peu de jours auparavant
nuntii litteræque	des courriers et des lettres
celebrassent Murenam	avaient proclamé Muréna
esse factum consulem,	être nommé consul,
et unde hospites	et d'où *ses* hôtes
atque amici	et *ses* amis
concurrerint Romam	étaient accourus à Rome
gratulatum,	pour *le* féliciter,
ipse accedat repente eo	lui-même arrive tout à coup là
nuntius suæ calamitatis?	messager de son malheur?
90. Si quæ sunt acerba,	90. Si ces *conséquences* sont amères,
si misera,	si *elles sont* malheureuses,
si luctuosa,	si *elles sont* lamentables,
si alienissima	si *elles sont* bien opposées
a vestra mansuetudine,	à votre douceur,
et misericordia, judices,	et à *votre* clémence, juges,
conservate beneficium	maintenez le bienfait
populi romani :	du peuple romain :
reddite consulem	rendez un consul
reipublicæ :	à la république :
date hoc pudori ipsius,	accordez cela à l'honneur de lui,
date patri mortuo,	accordez-*le* à *son* père mort,
date generi et familiæ,	accordez-*le* à *sa* race et à *sa* famille,
date etiam Lanuvio,	accordez-*le* aussi à Lanuvium,
municipio honestissimo,	ville-municipale très-honorable,
quod vidistis	que vous avez vue
frequens mœstumque	pressée et triste
in tota hac causa;	pendant tout ce procès;
nolite avellere	n'allez-pas arracher
a sacris patriis	aux sacrifices héréditaires
Junonis Sospitæ,	de Junon Conservatrice,
cui est necesse	à laquelle il est nécessaire
omnes consules facere,	tous les consuls *en* offrir,
consulem domesticum	un consul domestique
et suum potissimum.	et sien de-préférence.
Quem ego, judices,	Lequel moi, juges,
si aut commendatio	si ou *ma* recommandation
habet quid momenti,	a quelque poids,
aut mea confirmatio,	ou mon témoignage,
auctoritatis,	*quelque* autorité,
consul commendo	consul je recommande
consulem, ita,	*Muréna comme* consul, de telle façon,
ut promittam et spondeam	que je promets et réponds
futurum esse	*lui* devoir être
cupidissimum otii,	très-ami du repos,

cupidissimum otii, studiosissimum bonorum, acerrimum contra
seditionem, fortissimum in bello, inimicissimum huic conjura-
tioni, quæ nunc rempublicam labefactat, futurum esse promit-
tam et spondeam.

la tranquillité, de zèle envers les gens de bien, d'énergie contre les
factieux, de courage à la guerre, et de haine contre cette conjuration
qui ébranle aujourd'hui les fondements de la république.

studiosissimum bonorum,	très-zélé pour les *gens* de bien,
acerrimum	très-actif
contra seditionem,	contre la sédition,
fortissimum in bello,	très-brave à la guerre,
inimicissimum	très-implacable
huic conjurationi,	contre cette conjuration,
quæ nunc	qui maintenant
labefactat rempublicam.	ébranle la république.

NOTES.

Page 6 : 1. *More institutoque majorum.* C'était pour obéir à un usage très-ancien, que, dans les assemblées du peuple, les magistrats ne faisaient connaître le motif de la convocation, qu'après avoir adressé des prières aux dieux pour le bonheur et la gloire du peuple romain.

— 2. *Quo auspicato.* Après l'invocation aux dieux, venait la consultation des auspices ; s'ils s'étaient montrés favorables, les comices avaient lieu ; dans le cas contraire, les augures en prononçaient le renvoi à un autre jour.

— 3. *Comitiis centuriatis.* On votait par centuries pour l'élection des consuls, des censeurs, des préteurs et des édiles.

— 4. *Consulem renuntiavi.* Le sort désignait celui des deux consuls qui présiderait les comices et proclamerait les suffrages.

— 5. *Una cum salute.* Muréna succombant aurait été dépouillé non-seulement du consulat, mais de ses principaux droits de citoyen ; i serait mort civilement.

Page 8 : 1. *Me rogante.* Sous ma présidence, et non pas *sur ma demande.* Cicéron, en effet, déclare lui-même, III, 7, qu'il a employé ses bons offices en faveur de Sulpicius ; il ne s'agit donc que d'une formule employée par tous les consuls et commune à tous les candidats. C'est que le consul faisait distribuer aux votants des tablettes portant au-dessous du nom de chaque candidat, les lettres V, R, *uti rogas.*

— 2. *Studium meæ defensionis.* Placé dans une fausse position par les reproches personnels de ses adversaires, Cicéron s'efforce d'abord de les repousser, afin que les préventions élevées contre son rôle de défenseur ne nuisent pas à la cause de son client.

Page 10 : 1. *Et primum M. Catoni.* La présence de Caton au nombre des accusateurs de Muréna faisait une des principales difficultés de la défense, à cause du respect général qui entourait son nom. C'est donc à combattre son influence que Cicéron s'attache d'abord, mais

il le fait avec tous les égards et les ménagements nécessaires, en at-
tribuant, non pas au caractère personnel de Caton, mais aux exigences de la doctrine stoïcienne, l'excessive sévérité contre laquelle
il est obligé de justifier lui-même son rôle de défenseur de Muréna.

— 2. *Legis ambitus latorem.* Les lois sévères portées par le sénat
contre les brigues, celle de Calpurnius qui les aggravait encore,
n'ayant pas suffi pour arrêter les menées coupables des ambitieux,
Cicéron, pendant son consulat, avait fait rendre une loi nouvelle
qui ajoutait dix années d'exil aux peines déjà établies par les précédentes! Il est vrai que plus loin il en rejette l'initiative et la responsabilité sur Sulpicius (XXIII).

Page 12 : 1. *Quæ mancipi sunt.* On désignait par le mot *mancipium*
un droit de propriété appartenant aux seuls citoyens romains ; et, par
suite, on appelait *res mancipi* les biens-fonds d'Italie d'abord, puis
ceux de quelques provinces. Ces propriétés ne pouvaient être alié-
nées qu'avec certaines formalités, toutes de rigueur, et la moindre
omission entraînait la nullité du contrat. Voilà pourquoi le vendeur
était obligé par l'acquéreur de le garantir contre toutes les chances
d'éviction : *periculum judicii præstare.*

Page 14 : 1. *Kalendis Januarii.* C'était le premier jour de janvier
que les magistrats et principalement les consuls entraient en fonctions. Ils étaient désignés cinq mois à l'avance, afin que toutes les
accusations de brigue pussent être vidées dans l'intervalle, et que
rien n'empêchât leur entrée en exercice pour cette époque.

Page 18 : 1. *Sed me... Ser. Sulpicii, conquestio.* Si l'imposante
renommée de Caton faisait naître une prévention fâcheuse pour la
cause, d'un autre côté, les liens d'une ancienne et vive amitié, en
apparence méconnus, avaient exposé Cicéron, de la part de Sulpicius,
à des reproches d'ingratitude dont il devait s'efforcer de repousser
l'odieux.

— 2. *Familiaritatis necessitudinisque.* Cicéron lui-même, dans le
discours *pro rege Dejotaro*, indique le sens véritable de chacune de
ces expressions : *Familiaritatem consuetudo attulit, summam vero ne-
cessitudinem magna ejus officia in me et exercitum meum effecerunt.* C'est
d'abord l'amitié résultant de l'habitude des relations, puis l'intimité
fondée sur l'échange des bons offices.

Page 20 : 1. *Peteres... quum Murenam ipsum petas. Peteres et petas,* employés dans deux sens différents, forment une sorte de jeu de mots d'un goût fort contestable, et dont l'intention ne peut pas être conservée dans le français.

— 2. *In honoris contentione superata est.* Cicéron vient de dire qu'il avait appuyé de tout son pouvoir la candidature de Sulpicius, son ami, concurrent de Muréna. (Voy. page 8, note 1.)

— 3. *Nam quum præmia.* Cicéron avait été honoré successivement de la questure, de l'édilité, de la préture et du consulat.

Page 22 : 1. *Te advocato.* Le défenseur de Muréna tire un facile parti de cette adroite supposition, au moyen de laquelle il montre Sulpicius, tout en accordant à la demande d'un ami l'appui de sa présence au jugement, forcé de faire des vœux pour l'adversaire de cet ami, parce qu'il n'a pas pu lui refuser d'abord ses conseils.

Page 24 : 1. *Q. Hortensio, M. Crasso.* Ces deux célèbres orateurs avaient déjà parlé en faveur de Muréna. Cicéron blâme ailleurs cet usage, assez récent alors, de confier une même cause à plusieurs orateurs à la fois ; il n'en trouve pas de plus vicieux : *Quo nihil est vitiosius.*

— 2. *Intelligo, judices, tres totius accusationis partes fuisse.* Quintilien loue et propose comme modèle cette division, parce qu'elle est la plus claire et la plus complète qu'il soit possible de faire.

Page 26 : 1. *Lex... quædam accusatoria.* La loi que se font ordinairement les accusateurs de rechercher dans la vie antérieure des accusés des arguments capables d'établir la vraisemblance du crime actuel.

— 2. *Objecta est... Asia.* Il n'était que trop vrai que les mœurs romaines s'étaient souillées au contact de toutes les corruptions de l'Asie. Aussi la justification de Muréna n'était-elle que plus complète et son éloge plus brillant, puisque Cicéron fait voir qu'environné de tant de dangers, ce jeune guerrier a su, non-seulement échapper à la contagion de l'exemple, mais trouver l'occasion de travailler à sa propre gloire et d'ajouter à celle de son père.

— 3. *Prætextati.* L'usage permettait au triomphateur, à son entrée dans Rome, d'avoir, placés à côté de lui dans son char, ceux de ses enfants qui étaient encore revêtus de la prétexte, c'est-à-dire âgés de douze à dix-sept ans. Au-dessus de cet âge, les fils étaient montés suivant leur nombre, ou sur les chevaux mêmes qui traînaient le char, ou sur des chevaux particuliers qui marchaient à sa suite.

—4. *Simul cum patre triumpharet.* Le père de Muréna, lieutenant de Sylla, avait triomphé de Mithridate.

Page 28 : 1. *Saltatorem appellat.* On sait que, chez les Romains, la danse était un exercice regardé comme honteux et abandonné aux esclaves.

Page 32 : 1. *Quo constituto.* Cicéron passe à la seconde partie de l'accusation, l'inégalité de mérite, opposée à Muréna par Sulpicius lui-même. Tout en flattant l'amour-propre de ce dernier, tout en accordant d'abord que, sous le rapport de la naissance, la famille de Sulpicius est plus ancienne peut-être que celle de Muréna, qui se recommande néanmoins par des titres plus éclatants, Cicéron établit que ce n'est pas la noblesse de la race, mais bien le mérite personnel qui fait la véritable distinction et ouvre aux citoyens la carrière des honneurs. Toute la suite de cette deuxième partie, qui est la plus développée, se compose d'un long parallèle, toujours habile et ingénieux, souvent piquant, parfois aussi exagéré, des titres divers et opposés par lesquels se recommandaient les concurrents. Ces titres sont tous supérieurs chez Muréna.

Page 34 : 1. *Rursus plebis in Aventinum.* Allusion à la première retraite du peuple sur le mont Aventin, retraite causée, entre autres griefs, par la prétention des patriciens à occuper seuls les magistratures par droit de naissance.

— 2. *Et proavus L. Murenæ, et avus.* Le bisaïeul de Muréna avait été préteur l'an de Rome 596, et son aïeul l'an 640.

— 3. *Tua vero nobilitas.* Noblesse ancienne, sans doute, mais obscure, et qui n'est appréciée que par les érudits. Sulpicius n'est donc, pour ainsi dire, qu'un homme nouveau, malgré l'orgueil que lui inspire sa naissance. Mais, de cette leçon même de modestie, Cicéron tire habilement un sujet d'éloge.

— 4. *Pater... fuit equestri loco.* Comme Cicéron vient de faire entendre que Sulpicius était patricien, il en résulte qu'un patricien pouvait rester dans l'ordre équestre.

Page 36 : 1. *In Q. Pompeio.... quam in.... M. Æmilio.* Ce Q. Pompéius, d'une naissance obscure, après avoir été censeur avec Q. Métellus Numidicus, et ensuite consul, devint le chef d'une illustre famille. M. Émilius Scaurus releva, par deux consulats successifs, la gloire assez longtemps effacée, mais autrefois brillante, de ses ancêtres.

Page 38 : 1. *Sicut apud majores nostros.* Le consulat était devenu accessible aux plébéiens vers l'an 390.

— 2. *Quæsturam una petiit.* Objection de Sulpicius.

Page 40 : 1. *Renuntiatio gradus habeat.* Quoiqu'il réduise ici à bien peu de chose la circonstance dont Sulpicius prétend tirer avantage, Cicéron ne manque pas de la faire valoir ailleurs pour lui-même. (Voy. les disc. *in Pis.* et *pro lege Man.*)

— 2. *Lege Titia.* Ces mots ont été diversement interprétés. Suivant l'explication la plus probable, fondée sur un passage de Val. Maxime, cette questure avait été établie en exécution de la loi agraire du tribun Sex. Titius, l'an 448, pour la perception de l'impôt mis sur les terres du peuple.

— 3. *Negotiosam et molestam.* Le questeur d'Ostie était chargé du soin de l'importation des grains et de tout ce qui se rapportait au commerce de la mer inférieure. Cette province était regardée comme si peu agréable, qu'au moment du tirage au sort, son nom était accueilli par les risées du peuple.

— 4. *Hanc urbanam militiam.* En donnant cette importance finement ironique à la carrière suivie par Sulpicius, qu'il pose en guerrier pacifique, Cicéron ne fait que rendre le parallèle plus favorable à Muréna, dont il exalte les services dans une guerre véritable.

Page 46 : 1. *Præstat ceteris omnibus.* Cicéron est bien loin d'avoir toujours proclamé l'excellence de l'art militaire ; il est certain, au contraire, que le besoin de sa cause l'emportait ici sur sa conviction, car il développa plus tard, d'une manière brillante, la thèse contraire dans plusieurs de ses ouvrages. Qui ne connaît, par exemple, ce vers fameux :

> *Cedant arma togæ, concedat laurea linguæ.*

Il donne d'ailleurs lui-même un démenti formel à ce passage (*Offic.* II, XIX) et l'excuse comme une concession faite à l'ignorance et aux préjugés de son auditoire : *Sed apud imperitos illa dicebantur, et aliquid coronæ datum est.*

Page 48 : 1. *Ut istud nescio quid.* Cette expression si dédaigneuse fait un contraste bien brusque avec celle d'*urbanam militiam*, que nous avons remarquée plus haut.

Page 50 : 1. *In isto vestro artificio.* Ce n'est pas un art que pratique Sulpicius, c'est une simple profession qu'il exerce, profession que Cicéron rabaisse encore dans ce chapitre et le suivant, de la manière la plus piquante.

Page 52 : 1. *Cornicum oculos confixerit.* Ce proverbe dont le sens est : Tromper plus habile que soi, vient sans doute de ce que l'on attribuait à la corneille une vue très-perçante, et aussi de ce que les mages employaient dans leurs pratiques un de ces oiseaux auquel ils crevaient les yeux. Quoi qu'il en soit, ce Flavius, fils d'affranchi, se rendit tellement agréable au peuple par cette frauduleuse, mais utile communication, qu'il fut créé successivement tribun, sénateur et édile. Son livre reçut le nom de *Jus civile Flavianum.*

Page 54 : 1. *Te ex jure manu consertum voco.* Formule au moyen de laquelle l'une des parties appelait l'autre du tribunal du préteur sur le lieu même dont la propriété faisait l'objet de la contestation. D'après la loi des Douze-Tables, c'était sur le champ même en litige que les prétendants devaient plaider leur cause ; mais, plus tard, lorsque l'extension des limites de l'empire eut rendu cette loi inexécutable, on la remplaça par une sorte de symbole : on apportait devant le tribunal une motte de terre du champ disputé, et le préteur, la donnant à celui dont le droit avait triomphé, le mettait par là en possession.

— 2. *Tibicinis latini modo.* Les joueurs de flûte, qui étaient ordinairement du pays latin, avaient pour emploi dans les représentations théâtrales, de donner le ton aux acteurs. Un seul joueur de flûte suffisait à plusieurs acteurs l'un après l'autre. Voilà pourquoi Cicéron leur assimile plaisamment les jurisconsultes qui fournissent tour à tour leurs formules aux parties et au préteur.

— 3. *Carmen.* Cette expression peut paraître ambitieuse pour désigner des formules de droit, qui ont rarement quelque chose de poétique ; mais elle s'applique assez bien à la solennité sacramentelle de la forme, qui les fait ressembler aux oracles des sibylles.

— 4. *Utrisque superstitibus.* Festus a donné de ce mot la définition suivante : *superstites, testes præsentes significat ;* et il appuie cette définition d'un exemple qui ne peut laisser aucun doute.

Page 56 : 1. *Mulieres omnes.* D'après l'ancien droit, les femmes étaient soumises à une tutelle perpétuelle, sans l'autorité de laquelle aucun de leurs actes n'était valable. Les tuteurs inventés par les jurisconsultes, pour éluder les rigueurs de la loi, étaient ceux dont, sur leur conseil, des maris indulgents laissaient, par testament, le choix à leurs femmes elles-mêmes.

Page 58 : 1. *Ad coemptiones faciendas.* Le résultat de ces mariages, en quelque sorte fictifs, trompait le vœu de la loi, en ce que ces vieillards ne pouvant avoir d'héritiers, les sacrifices de la famille s'éteignaient avec eux.

— 2. *Caias vocari.* La formule usitée pour contracter le mariage par coëmption consistait à donner une pièce de monnaie à la future, en lui disant : *Voulez-vous, Caia, être mon épouse?* Ce nom de Caia, pris pour exemple dans une formule, n'était donc pas l'indication d'un titre nouveau résultant du contrat.

— 3. *Statuere non potuisse.* Ce vague dans les termes, que Cicéron reproche aux jurisconsultes, se trouvait dans le texte même des Douze-Tables, à qui seules devrait en revenir le tort. Mais c'était un trait plaisant de plus au tableau.

— 4. *Dignitas in ista scientia consularis nunquam fuit.* Dans le mémoire que Jean Luzac composa en 1768 pour la défense des jurisconsultes romains, si vivement attaqués par Cicéron dans ce discours, et qu'il fit imprimer à Leyde sous ce titre : *Observationes apologeticæ pro jureconsultis romanis*, on trouve l'énumération de dix-sept jurisconsultes élevés au consulat, auxquels il ajoute Sulpicius lui-même, qui fut plus heureux quelques années après et nommé consul avec M. Cl. Marcellus.

Page 60 : 1. *Licet consulere.* Formule par laquelle les anciens jurisconsultes annonçaient à leurs clients qu'ils consentaient à les entendre. Cicéron ne la rappelle sans doute que pour jouer sur les mots *consulatus* et *consulere*, mais il n'est pas possible de faire ressortir cette intention dans le français.

Page 62 : 1. *Salubritas... salus.* Le jurisconsulte ne peut que donner des avis salutaires, l'orateur seul peut sauver son client. Cela seul indique la distance qui les sépare.

Page 64 : 1. *In qua re si satis profecissem.* Après avoir élevé l'éloquence si fort au dessus de la science du droit, Cicéron était bien obligé de montrer quelque modestie ; mais on sait qu'il ne poussait pas très-loin cette vertu.

— 2. *Ingeniosus poeta.* Ennius, dont Aulu-Gelle rapporte les vers, XX, IX.

Page 66 : 1. *Verum hæc Cato.* Caton avoit rabaissé à dessein l'importance de la guerre contre Mithridate, Cicéron en rehausse au contraire la difficulté, parce que son client y avait servi avec distinction.

Page 68 : 1. *Virtus egregia M. Catonis.* Par cet adroit compliment, Cicéron force Caton lui-même de reconnaître, dans l'intérêt de la gloire de sa famille, que les guerres contre les peuples asiatiques ne sont pas aussi méprisables qu'il a voulu le dire.

— 2. *Cum Scipione.* On a remarqué ici une erreur historique. Ce ne fut pas Scipion, mais Acilius Glabrion, que M. Caton accompagna en qualité de tribun.

Page 72 : 1. *Alterius res... calamitosæ.* M. Aurélius Cotta, envoyé en Asie avec L. Lucullus et surpris par une irruption de Mithridate en Bithynie, essuya sur terre une grande défaite, et perdit en outre une très-belle flotte.

Page 74 : 1. *Rege Armeniorum adjuncto.* Tigrane, son gendre.

Page 76 : 1. *Illum vita expulit.* On sait que Mithridate se tua pour échapper aux Romains. L'armée de Pompée, dit Plutarque, fit éclater la joie la plus vive à la nouvelle de cet événement, comme si des milliers d'ennemis avaient succombé dans la personne de Mithridate.

Page 78 : 1. *Quem Euripum.* Détroit entre l'Eubée et l'Attique, dont les anciens croyaient que les flots étaient plus souvent agités que ceux d'aucune autre mer, et dont le nom, par cela même, leur fournissait un sujet de fréquentes comparaisons. Au reste, ce tableau tout entier de l'inconstance et de la mobilité populaire est d'une remarquable justesse et laisse sans réplique la réfutation de l'argument de Sulpicius.

Page 80 : 1. *Exspectatio muneris.* Muréna n'avait pas pu donner au peuple les jeux par lesquels se recommandaient ordinairement les futurs préteurs qui avaient été d'abord édiles; car il n'avait jamais rempli cette charge. Son long séjour en Asie ne lui avait pas même laissé l'occasion de la solliciter.

Page 82 : 1. *Prætura restituit.* Muréna, ayant ensuite reçu du sort la préture de Rome, avait fait célébrer avec magnificence les jeux apollinaires dont l'obligation lui était imposée, et s'était préparé par là un titre puissant à la faveur du peuple pour sa demande du consulat.

Page 84 : 1. *Omen... prærogativum.* Dans les comices par centuries, on tirait au sort celle des centuries qui donnerait la première son suffrage. Elle était appelée *prærogativa,* parce que cette circonstance lui donnait en effet un grand pouvoir sur le vote des autres centuries.

— 2. *L. Otho.* L. Othon, étant tribun du peuple sous le consulat même de Cicéron, porta une loi pour faire assigner aux chevaliers romains, dans les théâtres, les quatorze premiers bancs après ceux des sénateurs.

Page 86 : 1. *Scenam competitricem.* La force et la grâce de cette expression ne sauraient être rendues dans notre langue.

— 2. *Qui trinos ludos feceram.* Les jeux de Cérès, les jeux floraux et les jeux romains.

— 3. *Qui casu nullos feceras.* Nous avons déjà dit que les prétures étaient tirées au sort.

Page 88 : 1. *Hujus sors ea fuit.* Le droit de rendre la justice à Rome donnait au préteur de la ville une si grande prééminence sur les autres, qu'on le distinguait par le titre de *honoratus prætor.* En faisant ressortir ainsi les avantages que son client ne devait qu'à la faveur du sort et qui devaient assurer cependant la supériorité de ses titres au consulat, Cicéron du moins ne blessait pas l'amour-propre de Sulpicius.

— 2. *Scriba damnatus.* Sulpicius, pendant sa préture, avait condamné un greffier pour crime de péculat, et s'était aliéné par ce jugement l'ordre tout entier des greffiers qui, sans doute, par vengeance, avaient été contraires à sa demande du consulat.

— 3. *Sullana gratificatio.* Sylla ayant fait des largesses à ses partisans aux dépens du trésor public, tous ceux qui les avaient reçus, se virent, après la mort du dictateur, accusés de péculat. Plusieurs d'entre eux furent condamnés par Sulpicius et devinrent par conséquent ses ennemis.

Page 90 : 1. *L. Murenæ provincia.* Muréna reçut, après sa préture, le département de la Gaule transalpine.

Page 94 : 1. *Aut testatam rem abjiciunt.* L'obscurité de cette phrase a fait supposer à Lambin qu'il fallait lire : *aut totam rem abjiciunt et suam operam...* D'autres commentateurs l'interprètent dans ce sens : *rem abjiciunt, testati qua de causa, nempe quia desperat ipse candidatus.* L'explication de Ferratius est plus simple et s'accorde naturellement avec le sens des phrases précédentes : *causam deserunt, quam ipsi candidati desperatione sua pessimam testantur.* Si, par une dernière conjecture, on remplaçait *aut* par *sic*, se rapportant aux mots précédents, *jacet, diffidit, abjecit hastas*, on aurait une phrase complète et claire, au moyen d'une bien modeste correction.

Page 100 : 1. *Hæc quis tulit?* Cicéron lui-même ; mais, comme nous l'avons déjà fait remarquer, il prétend n'avoir fait que prêter à son ami, par condescendance pour ses désirs, l'autorité de son nom et l'appui de sa dignité de consul.

— 2. *Editilios judices.* Sulpicius avait proposé une loi pour faire donner à l'accusateur le droit de choisir lui-même les juges ; le sénat la repoussa à cause des graves inconvénients qu'elle n'aurait pas manqué d'entraîner.

Page 104 : 1. *Secessionem subscriptorum.* On appelait ainsi ceux qui s'engageaient d'avance vis-à-vis de l'accusateur à lui venir en aide dans ses poursuites.

Page 110 : 1. *Non aqua sed ruina restincturum.* Salluste met les mêmes paroles dans la bouche de Catilina (*Cat.*, IX) ; seulement, il ne les lui fait pas prononcer dans la même circonstance.

Page 112 : 1. *De ambitus criminibus.* Ici commence la troisième partie de la réfutation, partie relative à l'accusation de brigue, qui était la principale. Cicéron annonce qu'il va répondre à Postumius, au fils de Sulpicius et à Caton, mais ses réponses aux deux premiers manquent ; il ne reste que celle qui s'adresse à Caton et qui porte sur trois points : la gravité et la force que donne à l'accusation le nom seul de Caton ; la discussion et la négation des faits de brigue ; enfin les motifs d'intérêt public qui doivent empêcher la condamnation de Muréna.

— 2. *De divisorum indiciis.* On appelait *divisores* ceux qui étaient chargés de distribuer l'argent destiné par les candidats à acheter les suffrages.

Page 114 : 1. *Unum... gradum dignitatis.* La famille de Muréna ne comptait encore aucun consul ; plusieurs de ses ancêtres avaient été préteurs.

Page 118 : 1. *Quasi desultorius.* C'était le nom donné à ceux des cavaliers du cirque qui, sans arrêter leur course, sautaient d'un cheval sur un autre.

— 2. *Ejus auctoritatem.* Cicéron, pour ne pas paraître attaquer d'une manière trop personnelle la légitime autorité de Caton, soutient en thèse générale et prouve par d'habiles exemples que le crédit de l'accusateur ne doit pas être une présomption invincible contre l'accusé.

— 3. *Exspectatio tribunatus.* Caton était tribun du peuple désigné.

— 4. *P. Africanus.* Le second Africain, adopté par Corn. Scipion, fils du premier Africain.

Page 122 : 1. *Non multa peccas.* Quintilien pense que ce sont des paroles de Phénix à Achille, dans une tragédie d'Ennius ou d'Attius.

Page 124 : 1. *Finxit enim te ipsa natura.* Quintilien loue beaucoup (XI, I, 68) la dextérité et la finesse que Cicéron met ici à parler de Caton, lorsqu'après avoir admiré et célébré sa vertu, il le représente comme un homme un peu trop dur, moins par un défaut de son caractère que par la faute de la doctrine stoïcienne, dont il était un partisan rigide. Au reste, il ne faut pas chercher non plus, dans cette critique si acerbe des principes de Zénon, le sentiment véritable de Cicéron à cet égard. Plus tard, dans ses dialogues *de Finibus* (IV, XXVII), il dit, en s'adressant à ce même Caton et à propos d'un des principes les plus absolus des stoïciens, qu'il ne plaisantera pas avec lui sur ce principe, comme il l'a fait dans son plaidoyer pour Muréna. C'est ce qu'il a fait aussi, comme nous l'avons déjà remarqué, pour le passage où il établit la prééminence de l'art militaire. Mais *les besoins de la cause* offrent une si commode excuse pour toutes ces contradictions!

— 2. *Non... cum imperita multitudine.* C'est précisément de l'auditoire auquel il adresse ce compliment, qu'il dit plus tard pour s'excuser : *apud imperitos tum illa dicta sunt.*

Page 126 : 1. *Sententiam mutare nunquam.* On voit que Cicéron n'avait rien de commun avec cette secte.

Page 134 : 1. *Hujuscemodi Scipio ille.* Le second Africain, déjà cité, qui avait suivi les leçons du célèbre stoïcien Panétius.

— 2. *Catone, proavo tuo.* Caton le Censeur. Cet éloge n'est certainement pas celui qu'il a le mieux mérité, car il s'est montré plus d'une fois accusateur très-rigide.

Page 136 : 1. *Ut ad id, quod institui, revertar.* Cicéron aborde ici la question de brigue et la résout dans tous ses détails.

Page 144 : 1. *Uno basilicæ spatio.* Il y avait à Rome plusieurs édifices de ce nom. La principale, dont il est probablement question ici, et qui était voisine du forum, s'appelait *Porcienne*, du nom de M. Porcius Caton, qui l'avait considérablement augmentée.

— 2. *Tenue est.* Dans l'élection des principales magistratures, le vote des centuries formées des premières classes assurant presque toujours la majorité, on n'avait pas besoin de recourir à celui des classes inférieures.

— 3. *Et legi Fabiæ.* La loi Fabia réglait le nombre de personnes dont il était permis de se faire accompagner.

Page 148 : 1. *L. Natta,* qui fut ensuite pontife, et par lequel le tribun Clodius fit consacrer la maison de Cicéron en exil.

Page 152 : 1. *Quorum alteri.* Les Crétois vaincus par Q. Métellus, non pas, comme le dit Cicéron, par l'arrivée seule de l'armée romaine, mais après une lutte de trois ans et de terribles combats.

Page 156 : 1. *Nomenclatorem.* C'était un esclave qui, connaissant les noms de tous les citoyens, les disait tout bas à son maître, quand il abordait quelqu'un.

Page 158 : 1. *Te ad accusandum respublica adduxit.* Si Caton n'a considéré que l'intérêt de la république, c'est cet intérêt même qui demande que Muréna soit consul; c'est la plus sûre garantie que Rome puisse avoir contre les projets dont la menace Catilina. C'est la dernière des considérations que Cicéron fait valoir pour détruire l'accusation de brigue ; c'est aussi celle qui devait faire la plus vive impression sur les juges.

Page 164 : 1. *Collegæ tui.* Métellus Népos, ennemi particulier de Cicéron et redouté de Caton lui-même.

— 2. *Consilium senatus interficiendi.* Voyez la première Catilinaire.

Page 170 : 1. *Ut meus collega.* P. Antoine, ami de Catilina et suspect à Cicéron.

— 2. *Qui impedituri sint...* Il y a ici une lacune à laquelle il faut suppléer par l'un des deux mots qui ont été proposés : *videtis* ou *parati sunt.*

Page 172 : 1. *Quæ quum ita sint.* Dans cette péroraison, Cicéron réunit et développe de la manière la plus pathétique tous les motifs capables de déterminer les juges en faveur de son client.

Page 174 : 1. *Idem squalore sordidus.* C'était le moyen ordinaire des accusés pour exciter la pitié des juges ; mais on aimerait voir Muréna conserver devant les siens une attitude plus digne et plus conforme au caractère que son défenseur lui a donné. Combien Milon est plus intéressant par son courage !

Page 178 : 1. *Quem nova pœna legis.* L'exil de dix ans que Cicéron lui-même avait fait ajouter aux peines déjà existantes.

Page 180 : 1. *Sacris patriis Junonis Sospitæ.* Ce n'était pas seulement à Lanuvium, patrie de Muréna, qu'il y avait un temple consacré à Junon conservatrice, il s'en trouvait un aussi à Rome.

www.ingramcontent.com/pod-product-compliance
Lightning Source LLC
Chambersburg PA
CBHW031325210326
41519CB00048B/3205